建筑防灾系列丛书

漫谈建筑与风雪灾

建筑防灾系列丛书编委会　主编

中国建筑工业出版社

图书在版编目（CIP）数据

漫谈建筑与风雪灾/建筑防灾系列丛书编委会
主编．—北京：中国建筑工业出版社，2016.9
（建筑防灾系列丛书）
ISBN 978-7-112-19678-4

Ⅰ．①漫… Ⅱ．①建… Ⅲ．①建筑物-风灾-防灾-
普及读物②建筑物-雪害-防灾-普及读物　Ⅳ．
①TU89-49

中国版本图书馆CIP数据核字（2016）第194946号

责任编辑：张幼平
责任设计：李志立
责任校对：陈晶晶　李欣慰

建筑防灾系列丛书
漫谈建筑与风雪灾
建筑防灾系列丛书编委会　主编
*
中国建筑工业出版社出版、发行（北京海淀三里河路9号）
各地新华书店、建筑书店经销
北京佳捷真科技发展有限公司制版
北京云浩印刷有限责任公司印刷
*
开本：787×1092 毫米　1/16　印张：13¼　字数：260 千字
2017 年 3 月第一版　2017 年 3 月第一次印刷
定价：**38.00 元**
ISBN 978-7-112-19678-4
（29130）

序

随着我国经济的高速发展，城市化进程加快，社会各系统相互依赖程度不断提高，灾害风险以及造成的损失也越来越大，并日益深刻地影响着国家和地区的发展。

我国是世界上自然灾害最为严重的国家之一。灾害种类多，分布地域广，发生频率高，造成损失重，总体灾害形势复杂严峻。2016 年，我国自然灾害以洪涝、台风、风雹和地质灾害为主，旱灾、地震、低温冷冻、雪灾和森林火灾等灾害也均有不同程度发生。各类自然灾害共造成全国近 1.9 亿人次受灾，1432 人因灾死亡，274 人失踪，1608 人因灾住院治疗，910.1 万人次紧急转移安置，353.8 万人次需紧急生活救助；52.1 万间房屋倒塌，334 万间不同程度损坏；农作物受灾面积 2622 万公顷，其中绝收 290 万公顷；直接经济损失 5032.9 亿元（摘自民政部国家减灾办发布 2016 年全国自然灾害基本情况）。

我国每年受自然灾害影响的群众多达几亿人次，紧急转移安置和需救助人口数量庞大，从一定意义上说，同自然灾害抗争是我国人类生存发展的永恒课题。正是在这样一种背景之下，人们意识到防灾减灾工作的重要性，国家逐步推进防灾减灾救灾体制机制改革，把防灾减灾救灾作为保障和改善民生、实现经济社会可持续发展的重要举措。

国务院办公厅于 2016 年 12 月 29 日颁布了国家综合防灾减灾规划（2016－2020 年），将防灾减灾救灾工作纳入各级国民经济和社会发展总体规划。规划要求进一步健全防灾减灾救灾体制机制，提升防灾减灾科技和教育水平。中共中央、国务院印发的《关于推进防灾减灾救灾体制机制改革的意见》，对防灾减灾救灾体制机制改革作了全面部署，《意见》明确了防灾减灾救灾体制机制改革的总体要求，提出了健全统筹协调体制、健全属地管理体制、完善社会力量和市场参与机制、全面提升综合减灾能力等改革举措，对推动防灾减灾救灾工作具有里程碑意义。

顺应社会发展需求和国家政策走向，《建筑防灾系列丛书》寻求专业领域的敞开，实现跨领域的成果和科技交流。丛书包括《地震破坏与建筑设计》、《由浅入深认识火灾》、《漫谈建筑与风雪灾》、《城市地质灾害与土地工程利用》。这些分册的内容都紧扣建筑防灾主题，以介绍防灾减灾科技知识为主，结合与日常应用相关的先进实用技术，以深入浅出的文字和图文并茂的形式，全面解析了当前建筑防灾工作的重点、热点，有利于相关行业的互动参与。

归根到底，《建筑防灾系列丛书》的目的就是要通过技术成果展示的方式，唤起社会各界对防灾减灾工作的高度关注，增强全社会防灾减灾意识，提高各级综合减灾能力，努力实现"从注重灾后救助向注重灾前预防转变，从应对单一灾种向综合减灾转变，从减少灾害损失向减轻灾害风险转变"（引自习近平总书记在唐山抗震救灾和新唐山建设 40 年之际讲话）。

"十三五"时期是我国全面建成小康社会的决胜阶段，也是全面提升防灾减灾救灾能力的关键时期。中国防灾减灾事业是一个涉及国计民生的整体问题，需要社会每一个人的参与，共同建设，共同享有。面临诸多新形势、新任务与新挑战，让我们携手并肩，继续努力，为实现全面建设小康社会，促进和谐社会发展做出更大的贡献！

目　　录

第二部分　雪灾篇

第一部分　风灾篇

第1章 风灾概述

风在自然界中无时无刻不存在着。人类与风的关系极为密切，对风力、风能的认识和利用为人类社会的发展作出了巨大贡献，但频繁、强烈的风灾也带给人类巨大的灾难。风工程专家 Davenport 教授援引联合国的统计资料指出："约半数以上的自然灾害与风有关。"表 1-1 列出了 1950～1999 年全球（特大型）重大自然灾害统计数据，可以看到风灾是自然灾害中影响最大的一种，给人类带来了巨大的生命和财产威胁。

全球特大型自然灾害统计数据（1950～1999 年） 表 1-1

灾难种类	地震	风灾	洪水	其他	合计
灾难次数（次）	68	89	63	14	234
死亡人数（百万人）	0.66	0.63	0.1	0.01	1.4
经济损失（亿美元）	3360	2688	2880	672	9600
保险损失（亿美元）	254	687	85	84	1110

1.1 历史上两起著名的风毁事故

人们对风的认识是逐步深入的。历史上有两起著名的风毁事故，不但极大地加深了人们对风的认识，还催生了一门新的学科的兴起，即所谓"风工程学"。

第一起事故发生在 1940 年的美国。当时在美国华盛顿州西部建成了一座著名的大桥，连接 Tacoma 到大港（Gig Harbor）。这座桥于 1938 年开工建设，1940 年 7 月 1 日建成通车，全长 1810m。但是在通车后仅仅 4 个多月，11 月 7 日，就在 1h 平均速率为 19m/s（约八级）的大风中坍塌了（图 1-1）。巧的是，在大桥发生明显振动时，当地报社的一名编辑恰好路过，并用摄像机记录下了 Tacoma 桥倒塌的全过程，留下了一段珍贵的视频。

事故发生后，研究人员在风洞中模拟了 Tacoma 桥在风作用下的运动。从试验结果来看，风吹过桥梁断面后，气流从桥梁断面边缘脱落后产生了规则的旋涡（即所谓的卡门旋涡）。在周期性脱落的旋涡作用下，桥梁首先会发生竖向振动，不过竖向振动的幅度不会无限增大，因此仅仅是

Tacoma 大桥风毁事故的诱因。

真正导致 Tacoma 桥破坏的罪魁祸首是所谓的"颤振"。即风速超过某一数值时，桥面的轻微变形就会导致桥面严重的扭转振动，而且这种振动和风力存在耦合效应，振幅将被不断放大，最终导致气动失稳，造成桥梁破坏倒塌。

颤振的发生与桥梁断面的外形以及桥梁的结构特性有关。除此之外，桥梁还会发生抖振和涡振等特殊的气动现象。桥梁抖振是限幅的强迫振动，任何种类的桥梁都会发生抖振，它不像颤振那样是振幅不断增大的不稳定振动。一般而言，抖振主要影响桥梁行车的安全性以及桥梁的耐久性。而桥梁涡振是气流绕过桥梁断面后产生周期性脱落漩涡，在漩涡频率与结构自振频率一致时所发生的强迫共振现象。Tacoma 大桥就是在涡激竖向振动诱导下，发生扭转颤振而导致破坏的。

图 1-1　TACOMA 大桥风毁事故

a. 剧烈振动　　　　　　　*b.* 破坏倒塌

另一起著名的风毁事故则发生在英国的渡桥电厂。渡桥电厂共有 8 座高 108m 的冷却塔。1965 年 11 月 1 日，8 座塔中的 3 座在一次强风中先后倒塌（图 1-2），其他幸存的塔也严重破坏。这次强风的 10min 平均风速仅为 19.9m/s，远低于原先设计的 50 年一遇风速。事后成立了调查委员会对倒塌原因进行调查，研究人员还在英国国家物理实验室（NPL）的可压缩风洞中测量了冷却塔模型表面的平均和脉动风压分布，并据此估算事故发生时各塔的应力分布。后续也有相当多的关于渡桥电厂冷却塔风毁事故的研究工作。造成这起事故的直接起因是塔体迎风面产生了巨大的竖向拉力，把结构"拉"断，造成冷却塔坍塌。而造成这次破坏的因素有很多，其中有三个被认为是最重要的。

首先是风荷载设计取值不合理。事故调查委员会的报告指出，渡桥电厂冷却塔的设计风速明显偏低，而且没有在设计过程使用荷载放大因子（相当于我国规范的风振系数）是事故发生的重要原因。通俗地理解，风是一种随机荷载，具体表现为其值是脉动的，时大时小，应当考虑取其在一定时间段内的最大值进行设计。而渡桥电厂冷却塔是使用风荷载的平均值进行结构设计,当然就会存在安全隐患。

　　其次是塔群干扰。众多研究表明,当建筑结构之间距离较近时,会出现明显的干扰效应,往往会造成风荷载增大。渡桥电厂事故发生时的平均风向如图 1-2,倒塌的三个塔正好处于前四个塔的尾流区,其表面的脉动风荷载大大增加,造成其应力远大于上游塔。

　　最后是塔形因素。现在的冷却塔母线多采用双曲线,其优点是塔体具有较好的刚度,自振频率较高。渡桥电厂的塔形为圆锥形,其一阶频率约为 0.6Hz,而同尺度的双曲型塔一阶频率可以达到 1.1Hz。风对于柔性结构的作用更为显著,因此结构偏柔是冷却塔倒塌的另一个重要因素。

　　另外,调查委员会从这次事故的调查过程中,认识到冷却塔抗风设计的很多方面尚没有真正解决,因此建议对冷却塔风荷载与风致响应的诸多问题进行深入研究,包括原型塔在大气湍流作用下的荷载、塔群干扰以及壳的动态响应等。

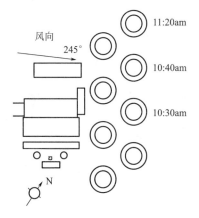

图 1-2　英国渡桥电厂风毁事故

1.2　形形色色的风损事故

几十年过去了，在大量研究者的不懈努力下，人们对风的认识与当初已不可同日而语。尽管风的问题还不能完全解决，但如今的建筑结构抗风设计已日趋科学、合理，大型建筑结构在风作用下彻底破坏的事故也较为罕见。

但是，当今的建筑结构和过去相比也展现出前所未有的复杂性。大跨空间结构为体现个性，造型越来越独特，跨度也越来越大；高层建筑越建越高、越来越柔；新材料、新技术的大量使用也对结构抗风提出了很多新的挑战。在这种背景下，形形色色的风损事故仍是层出不穷，直接影响人类的正常生活，甚至威胁到人类生命。

1.2.1　大跨屋盖结构的风损

由于建筑美学的提升和能够提供宽大的空间等优势，大跨度屋盖结构被广泛应用到重要的公共建筑中。图 1-3 为 2002 年韩日世界杯足球赛中的部分体育场建筑。这些结构凭借其风格明快的建筑外形、结构轻盈、材料节省等优势在大型公共建筑中占有重要地位。这些大跨度结构处于接近地面的大气边界层的强湍流区，在建筑形式上的独特性又使其较柔且阻尼较小，这样的结构形式由于基频和风的卓越频率接近，因此对风荷载十分敏感。

大跨度屋盖结构受风灾破坏的实例有很多。图 1-4 显示的是国内某体育场的屋面板在大风作用下被掀掉了一大块，局部桁架也被破坏。图 1-5 是国内另一个体育场屋面板被风吹坏的情况。风洞试验表明在特定风向下，被吹坏的区域会产生很强的向上风吸力，这可能是导致屋面板破坏的重要原因。

其他大跨屋盖局部风毁的实例还有很多：1988 年 8 月 8 日 "8807" 号台风造成杭州笕桥机场航站楼、杭州市体育馆屋顶严重破坏；1994 年 8 月 15 日 "9417" 号台风在浙江温州登陆，造成温州机场屋盖严重受损；天津机场、首都机场 T3 航站楼等近年也多次被风吹坏。

图 1-3　2002 年韩日世界杯足球赛的部分体育场建筑

a. 韩国全州世界杯体育场　　　　*b.* 日本大阪世界杯体育场

图 1-4　某体育场屋盖受风灾破坏情况

风向角：
335°
最大平均风压：
−1.68kN/m²
最大极值风压：
−2.93kN/m²

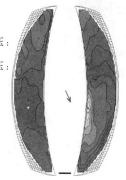

图 1-5　某体育场屋盖受风灾破坏情况及风洞试验

1.2.2　高层建筑幕墙和保温层的风损

围护结构是建筑结构的重要组成部分。最初的围护结构大多是厚重的砌体，随着新型材料的发展以及建筑理念的升华，围护结构的构成也逐步发生了变化，玻璃幕墙应运而生，并且越来越广泛地应用于各类建筑中。1985 年，北京长城饭店第一次采用玻璃幕墙。经过二十多年的高速发展，目前我国已经成为世界第一幕墙生产大国和世界第一幕墙使用大国。

随着建筑幕墙的大规模推广和使用，幕墙的安全问题逐渐浮出水面，成为各界人士广泛关注的问题。这主要是因为幕墙的安全问题事关人民的生命和财产安全，因而建筑幕墙在很多时候也被称为"空中的定时炸弹"。

国内外由于幕墙的安全问题而引起的事故中，很大一部分是由风引起的，并造成很大的经济损失。图 1-6a 所示为 2005 年美国新奥尔良"卡特里娜"飓风对建筑幕墙造成的破坏，图 1-6b 为 2005 年在中国东南沿海登陆的"泰利"台风过境造成的幕墙破坏。

此外，风灾中玻璃幕墙的破坏不仅带来直接的经济损失，还可能导致二次破坏，造成更大的间接损失。这是因为幕墙破坏后，会导致风"穿堂入室"，对结构的内部设施造成更大的破坏。因此，当建筑外形复杂或者周边干扰建筑较多时，一般是通过风洞试验确定幕墙的风荷载取值，以保证其安全。

a. 美国新奥尔良 "卡特里娜" 飓风破坏

b. "泰利" 台风造成的破坏

图 1-6   幕墙破坏实例

另外，建筑的节能特性越来越受到重视，高层建筑外表面通常要覆盖保温层。由于保温层与主墙体的黏结强度问题，高层建筑外保温层被风吹坏的事故也时有发生。图 1-7 反映的是 2008 年底在北京地区的两幢高层建筑外保温层被风吹坏的情况。分析表明，在西北风作用下，侧墙较低区域的风吸力较高。在风力持续作用下，位置较低的保温层逐渐松动脱落，而这种损伤由下至上的传播，最终导致侧墙区域的保温层大面积脱落。

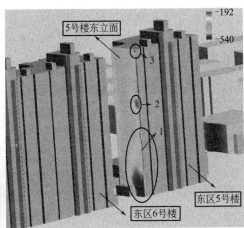

图 1-7   建筑外保温层破坏实例

1.2.3   输电塔线体系的风损

大跨越输电塔线体系是一种重要的高耸结构，作为生命线工程的电力设施，输电线系统的破坏会导致供电系统的瘫痪，对社会和人民生命财产造成严重的后果。大跨越输电体系的线与塔在风荷载作用下相互影响，共同作用尤为显著，由此导致的输电塔架风损事故也比较多。表 1-2 列出了 2005 年高压输电线塔的破坏统计。图 1-8 为高压输电线塔风灾的破坏情况。

高压输电线塔破坏统计（2005 年）　　　　表 1-2

时间	地点	风类	输电塔分类				累计
			500kV	330kV	220kV	110kV	
2005-9-1	福建温州	台风泰利	—	—	—	1	1
2005-8-12	福建泉州	台风珊瑚	—	—	—	1	1
2005-8-6	江苏无锡	台风麦莎	—	—	2	—	2
2005-7-19	湖北武汉	龙卷风	—	—	—	2	2
2005-7-16	湖北黄冈	龙卷风	—	—	3	19	22
2005-5-26	青海贵德县	狂风	—	3	—	—	3
2005-6-14	江苏泗阳	飑线风	10	—	—	7	17
2005-4-20	江苏盱眙	龙卷风	8	—	3	—	11

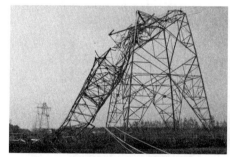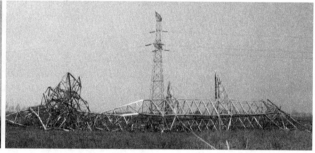

图 1-8　高压输电线塔风灾破坏情况（2005 年）

1.2.4 大跨度桥梁的风损

大跨度桥梁是跨越大江、大河以及海峡的重要交通基础设施。大跨度桥梁的跨度与其宽度相比大得多，属于细长轻柔的风敏结构。最有名的桥梁风灾事件是前面提到的 Tacoma 大桥的倒塌。

斜拉桥作为一种拉索体系，比梁式桥的跨越能力更大，是大跨度桥梁的最主要桥型。随着斜拉桥跨径的不断加大，斜拉桥拉索越来越长，拉索的振动问题也日益突出。工程师观察到，在风雨交加的天气下，斜拉桥的拉索会产生大幅振动，振动幅度比有风无雨天气下的振动幅度大得多。

国内外有关斜拉索风雨激振的事例很多，如在荷兰 Erasmus 桥（图 1-9）上观测到拉索在风雨天气下发生大幅振动，最大振幅达 70cm，同时桥面也发生振幅为 2.5cm 的振动。1997 年，国内杨浦大桥拉索发生大幅风雨激振。2000 年，杨浦大桥拉索再次发生风雨激振，并造成部分拉索锚具的破坏。2001 年，在南京第二长江大桥（图 1-10）通车前，斜拉索发生大幅风雨激振，振动造成了部分安装在拉索根部的油阻尼器损坏。2001 年，在 8 级大风和中等降雨条件下，国内洞庭湖大桥的斜拉索发生了严重风雨激振，通过现场录像分析，拉索的最大振幅超过 40cm，拉索的振动还激起了桥面的振动，并且拉索在振动时还不断撞击桥面上的钢护筒。

由于拉索的振动会造成锚具部位拉索的疲劳破坏、拉索表面防腐材料的损伤、桥面板损坏等一系列严重后果，进而影响到斜拉桥的安全可靠性，因此斜拉桥拉索的风雨激振问题，逐渐成为十多年来桥梁工程界和风工程界研究人员非常关注的问题。1998 年在丹麦召开的国际桥梁空气动力学学术会议上将拉索风雨激振确定为一段时间的四大重点问题之一。

图 1-9　荷兰 Erasmus 桥

图 1-10　南京长江二桥

第 2 章　风与大气边界层

要了解结构物和风的相互作用，首先必须对"风"有所认识。自然界中的风主要是由于太阳对地球大气加热不均匀引起的，加热不均匀造成的压力梯度驱动空气运动就形成了"风"。而地球表面对大气运动施加了水平阻力，使靠近地面的风速减慢。这种影响通过湍流掺混一直扩展到几百米到几公里的范围，就形成了所谓的"大气边界层"。边界层内的风速随高度增加；在边界层外，风基本上是沿等压线以梯度风速流动的。由于地表分布不均匀，来流特性也有所不同，大气边界层的厚度和气流统计参数根据具体条件而变化。

根据尺度不同，还可以将风气候系统进一步细分。某些中小尺度的风气候系统往往对建筑结构有更大的破坏作用。

2.1　大气环流

大气运动可以用各种尺度气流的相互叠加来描述，其特征尺度大约从1毫米到几千公里。为分析这些大气运动的特性，可依据其水平尺度大小进行分类。在气象学上通常有三类主要的大气尺度：微尺度、中尺度和大尺度（天气尺度）。从持续时间与水平尺度来看，天气尺度包括水平尺度不小于 500km，而持续时间在两天以上的运动。微尺度包括水平尺度不大于 20km，持续时间小于 1h 的大气运动。而中尺度的范围和时间周期则介于天气尺度和微尺度之间。

从天气尺度来看，南北极与赤道是地球辐射差距最大的区域，在这两个区域之间形成了大规模的大气运动，即总的大气环流。影响大气环流的因素较多，但压力梯度和科氏力是其中两个最重要的因素。

首先分析压力梯度的影响。赤道附近的大气因加热膨胀上升，近地面空气密度减小，产生低气压；而在两极，空气因冷却收缩下沉，产生了高气压。从而在地面形成由两极指向赤道的压力梯度，而在高空形成由赤道指向两极的压力梯度。在压力梯度作用下就形成了如图 2-1 所示的全球性南北向环流。

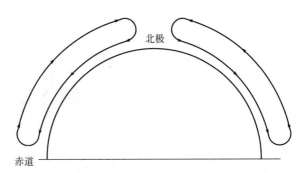

图 2-1　全球性南
　　　　北向环流

实际上由于地球自转及其他因素的影响，大气环流并不是简单的单圈经向的流动。其中科氏力扮演着重要角色。科氏力是由于地球自转产生的。以图 2-2 为例，设在纬度为 θ_1 的地面某点 P_1，其上空的大气团以速度 v 沿子午线段 P_1Q 向南运动。若无地球自转，它在经过了时间 δt 后将移动到 A 点。但由于地球以角速度 ω 逆时针转动（从北半球上部观察），因此在经过了时间 δt 后，子午线段 P_1Q 将转动角度 $\omega\sin\theta_1\delta t$，因此大气团将落到 A_1 点，AA_1 的弧长 δS 可按下式计算：

$$\delta S = v\delta t\omega\sin\theta_1\delta t = v\omega\sin\theta_1(\delta t)^2 \tag{2-1}$$

从另一方面来看，地球自转相当于给大气团施加了一个与速度方向正交的加速度 a_c，使大气团在 δt 时间长度内产生了位移 δS，因此：

$$\delta S = a_c(\delta t)^2/2 \tag{2-2}$$

比较以上两式即可知科氏加速度可表示为

$$a_c = 2v\omega\sin\theta_1 \tag{2-3}$$

在北半球，科氏力的作用总是使得流动的空气向右偏；而在南半球则是向左偏。由科氏加速度的计算公式也可发现，科氏力的大小和纬度有关，在赤道附近（纬度在 5°范围内），科氏力接近 0，因此热带气旋和其他气旋系统不会在赤道地区形成。

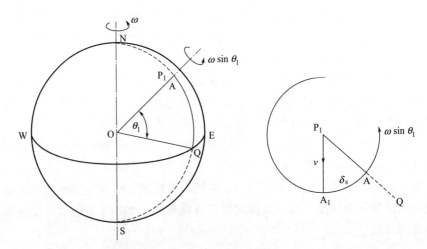

图 2-2　地球自转
　　　　产生的科
　　　　氏力

在科氏力的影响下，不可能形成单圈的大气环流。三圈环流的模型可以较好地描述大气环流的特征，如图 2-3 所示。

赤道的空气在上升到某一高度后，在压力梯度作用下分别向两极运动，地面形成低压。在赤道上空向北流动的空气在科氏力作用下向东偏转，流到北纬 30°附近时偏转达到 90°而形成西风，大气沿纬圈流动不再北进并因冷却下沉，在地表形成副热带高压。近地面的空气受在副热带高压驱动下分别向南、北流动。向南流动的大气因科氏力作用向西偏转，形成东北信风。而向北流动的大气则向东偏转，形成温带西风。

北极地区近地面的空气温度很低、密度很大，形成极地高压。空气在压力梯度作用下向南流动，并在科氏力作用下向西偏转形成"极地东风"。极地东风和温带西风在北纬 90°附近相遇，形成"极地锋面"。

三圈环流理论模型与海平面上副热带地区实际存在的高气压带，以及极峰区域实际存在的低气压带是一致的。实际上，由于受季节和地形影响，大气环流的实际情况更为复杂。除了上述全球性环流外，在高气压中心或低气压中心，由于底层大气的增热或冷却，还会发展形成热力环流，称为二级环流。

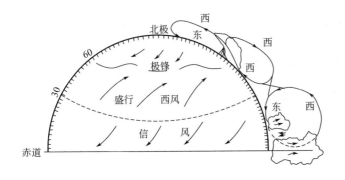

图 2-3　三圈环流模型

2.2　自由大气的梯度风

除了压力梯度和科氏力的作用之外，大气运动还受到离心力的影响。

形成大气环流的直接原因是大气中存在压力梯度。如果等压线为直线，气流开始作垂直等压线运动，在科氏力作用下逐渐发生偏转。最终科氏力将与压力梯度平衡，气流作水平直线运动，方向与等压线平行。在北半球，气流运动方向的右侧为高压，左侧为低压，压力梯度与科氏力大小相等、方向相反，风速大小与气压梯度成正比，如图 2-4 所示，这种风称为地转风。

而当等压线分布呈曲线形时，则除科氏力及压力梯度外，还存在作用于大气微团上的离心力。这三种作用下的气流运动最终也可达到平衡，形成相对稳定的气流，在气象学上称为梯度风，如图 2-5 所示。

根据气流是围绕低压或高压中心旋转，可分为气旋环流和反气旋环流。对于围绕低压中心运动的气旋环流，离心力与科氏力的方向一致，共同与压力梯度平衡。而在具有高压中心的反气旋环流中，离心力则与科氏力方向相反，而与压力梯度方向一致，客观上相当于加强了压力梯度，从而使平衡风速更高。

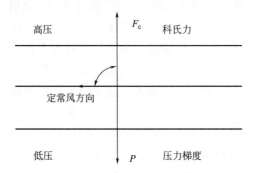

图 2-4 地转风的
形成

因此，在低压气旋中，梯度风在北半球以逆时针方向沿等压线作曲线运动，其风速将小于地转风速；而在高压反气旋中，梯度风以顺时针方向沿等压线作曲线运动，其风速大于地转风速。

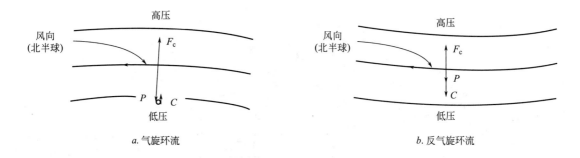

图 2-5 梯度风的形成

2.3 描述风特性的几个参数

1. 风速和风级

衡量风的强度最直接的参数是风速，风级则是风强度的一种表示方法，每一个风级都对应着一定范围的风速。

国际通用的蒲福风级是由英国人蒲福（Francis Beaufort）于 1805 年提出来的，共分 13 个等级（0～12）；1946 年又对风力等级进行扩充，增加到 18 个等级（0～17 级）。蒲福风级主要根据不同大小的风对地面或海面的影响程度来描述风力强弱，如表 2-1 所示。

根据上节所述的平均风速剖面的基本特性可知，风速大小和高度、地貌类别都有关系。高度越高，地表对风速的阻碍作用越弱，风速就越大；地面建筑物越多、植被越厚越密集，风的能量消耗就越大，因此高空处的风接近地面时减速就越多。天气预报中给出的风力等级，都是按照空旷平坦地面情况下 10m 标准高度测得的风速数据确定的。

蒲福风力等级表　　　　　　　　　　表 2-1

等级	名称	风速		陆地现象
		（m/s）	（km/h）	
0	无风	0～0.2	小于 1	静,烟直上
1	软风	0.3～1.5	1～5	烟能表示风向,但风向标不能动
2	轻风	1.6～3.3	6～11	人面感觉有风,树叶微响,风向标能转动
3	微风	3.4～5.4	12～19	树叶及微枝摇动不息,旌旗展开
4	和风	5.5～7.9	20～28	能吹起地面灰尘和纸张,树的小枝微动
5	清劲风	8.0～10.7	29～38	有叶的小树摇摆,内陆的水面有小波
6	强风	10.8～13.8	39～49	大树枝摇动,电线呼呼有声,举伞困难
7	疾风	13.9～17.1	50～61	全树摇动,迎风步行感觉不便
8	大风	17.2～20.7	62～74	微枝折毁,人向前行感觉阻力甚大
9	烈风	20.8～24.4	75～88	建筑物有小损(烟囱顶部及平屋摇动)
10	狂风	24.5～28.4	89～102	陆上少见,有则使树木被拔起或使建筑物损坏严重
11	暴风	28.5～32.6	103～117	陆上很少见,有则必有广泛损坏
12	飓风	32.7～36.9	118～133	陆上绝少见,摧毁力极大
13	飓风	37.0～41.4	134～149	
14	飓风	41.5～46.1	150～166	
15	飓风	46.2～50.9	167～183	
16	飓风	51.0～56.0	184～201	
17	飓风	≥56.1	202～220	

另外,生活中经常以几级风来描述风力大小,但由于每一级别的风力对应的风速范围较大,因此工程中都是直接采用风速定义风力强弱。

2. 风向

风向是指风的来向。大气边界层中的空气流动以水平流动为主,在遇到地形起伏不平时风向会有一定变化;但通常谈及风向都是指风在水平面的来向。

在"自由大气的梯度风"一节,讨论了不受摩擦力时空气的运动。而实际上,气流运动时将受到上下空气的黏性力作用。空气黏性力的方向与运动方向相反,与科氏力垂直。因此实际大气边界层内的空气流动,不但其平均风速随高度变化,风向沿高度也是在不断变化的,如图 2-6 所示。在梯度风高度处,风向与等压线的夹角为 0,在近地面处则达到最大值。

由于风向高度的变化较为缓慢,总值不大,因而对于大多数建筑而言可以忽略不计。

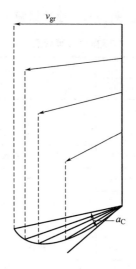

图 2-6　大气边界层中的风速螺线

在气象观测上，风向是以 16 个方位来表示的。风向方位与度数的对应关系见表 2-2。

风向方位与度数对照表　　　　　　　　表 2-2

方位	记录符号	中心角度(°)	角度范围(°)
北	N	0.0	348.76～11.25
北东北	NNE	22.5	11.26～33.75
东北	NE	45.0	33.76～56.25
东东北	ENE	67.5	56.26～78.75
东	E	90.0	78.76～101.25
东东南	ESE	112.5	101.26～123.75
东南	SE	135.0	123.76～146.25
南东南	SSE	157.5	146.26～168.75
南	S	180.0	168.76～191.25
南西南	SSW	202.5	191.26～213.75
西南	SW	225.0	213.76～236.25
西西南	WSW	247.5	236.26～258.75
西	W	270.0	258.76～281.25
西西北	WNW	292.5	281.26～303.75
西北	NW	315.0	303.76～326.25
北西北	NNW	337.5	326.26～348.75
静风	C	角度不定,其风速小于或等于 0.2m/s	

2.4　风暴

2.4.1　温带气旋

温带气旋主要受沿锋面两侧气团之间的相互作用产生，指出现在地球的温带地区的大型气候和经常发生的非热带风暴，这种天气系统的大小一般为 1500km，发生频率大约为 4 天一周。

温带气旋产生与气团的移动有关。气团的物理属性比较均匀，与气动产生地的温度与干湿度一致。当气团移动时，气动属性会随之改变。根据发源地不同，气团可分为北极气团、极地气团和热带气团，其中每一类又细分为大陆气团和海洋气团。不同气团之间的过渡区称为峰区，在锋区内，大气的物理属性要发生急剧变化。可以将锋区理想化为一个不连续面，称为锋面。锋面与等高面的交线称为锋。根据锋面向暖空气或向冷空气方向的移动，可分为冷峰或暖峰。暖峰一般移动较慢，不具备导致天气剧烈变化的条件；而冷峰移动速度快，容易产生一些恶劣天气。在冷锋前方经常形成飑线，可能伴随强雷暴和龙卷风。温度场、风速场及气压梯度场的扰动，都可能使锋面出现波状摄动。大的扰动可能形成波动，幅度随时间增大，最后发展成为强涡旋。中纬度大尺度环流，即温带气旋的形成与发展，主要与这种沿锋面的不稳定波动有关。

2.4.2　热带气旋风暴

热带气旋——热带低压、热带风暴和台风（飓风）的总称。热带气旋的全部能量来源于水汽冷凝所释放的热量。飓风主要发生在大西洋（主要在美洲地区），台风主要发生在太平洋（亚洲地区），气旋主要发生于澳洲和印度洋。

热带气旋是在夏秋之际产生于热带海洋的强烈气旋风暴。海洋潜热是热带气旋的主要能量驱动，要维持气旋运动，海洋最低温度不应低于 $26^\circ C$。当通过陆地或进入冷的水域时，热带气旋迅速衰减。热带气旋不会在纬度低于 5° 的赤道附近产生，至少要到纬度 10° 左右才能达到较大强度，而在纬度 $20^\circ \sim 30^\circ$ 区域强度充分发展，如果有海洋暖流维持其能量，热带气旋还能向更高纬度移动。

强热带气旋主要发生在加勒比地区、南中国海和澳洲西北海岸，称为飓风或台风。中等热带气旋活动区域主要在墨西哥海岸的东太平洋、南印度洋、孟加拉湾的南太平洋、日本南部，澳洲东部珊瑚海以及大西洋东南部。弱气旋天气区域主要在阿拉伯海、曼谷湾以及澳洲北部海岸。

在台风级气旋发生时，这些地区会经历非常强烈的风暴。这一天气系统的大小一般为 $300 \sim 500km$。国际上分类标准：7 级风（$13.9 \sim 17.1m/s$）以下时，叫"热带低压"；$8 \sim 11$ 级风速（$17.2 \sim 32.6m/s$）时叫"热带风暴"；12 级及以上风速叫"台风"（东亚）或"飓风"（西印度群岛和大西洋一带）。对整个地球来说，这种风暴发生的频率大约 100 次/年。台风气候的统计更困难（发生概率小、范围小、风经常将风速仪吹坏，等等）。

充分发展的台风具有三维涡结构（图 2-7），其水平尺度比非热带季风或冷峰天气的尺度小，但其影响区域可至几百公里。热带气旋的环流有指向中心（称为台风"眼"）的径向分量，台风眼内是相对温和的缓慢下沉气流，其直径通常在 8～80km，在台风眼内能看到清晰天空。紧邻台风眼之外的区域是强热力对流区，该区域内气流螺旋上升，而远离眼壁的区域是强风。

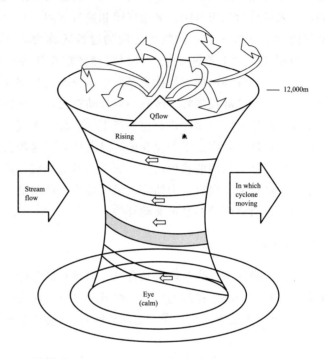

图 2-7   台风三维涡结构

2.4.3   小尺度风暴

局部气流现象还会产生局部极端风气候，例如由于局部气旋产生的雷暴、龙卷风和由于山脊空气质量抬高而产生的下泄风。

雷暴（thunderstorm，downbust）是由于部分降水在低层大气中蒸发，使那里的大气变冷、下沉而产生。雷暴在我国苏南地区又称"飑线风"，几乎每年都造成很多损失（输电线塔等）。其特点是尺度小，最大风速出现在 50m 高度。

龙卷风（tornado）是一种强度非常高的大气漩涡，直径一般在 300m 左右，是最强的风。在衰减之前，龙卷风水平移动距离达到 50km。龙卷风主要出现在美国、阿根廷、俄罗斯及南非的平原地带。有时在较短时间内连续发生多起破坏性极强的龙卷风，如 1974 年 4 月，美国中部地区在两天时间内集中性地产生了 148 起龙卷风，造成 335 人死亡和 7500 栋民居破坏。龙卷风在我国部分地区（上海、江苏等）也出现过，特别是 2016 年 6 月 23 日，我国江苏盐城发生历史罕见的龙卷风，等级为 EF4 级（最高为 EF5 级）风力超过 17 级，并伴有暴雨、雷电和冰雹。党和政府及时组织抗灾救灾工作，使灾情大为降低，据统计这次龙卷风共造成 99 人死亡，846 人因伤接受治疗。

盐城龙卷风风力

超过 17 级最高级别　通信铁塔拧成麻

国家气象中心强天气预防中心首席郑永光 26 日向记者透露，经现场勘测，江苏盐城风灾已确认为龙卷风，专家组判定等级为 EF4 级，风力超过 17 级。目前，当地已设置 14 个安置点，共安置 1591 人。各方救灾工作正全力进行。

超最高级
风速达到 73 米/秒

6 月 23 日 14 时—15 时，江苏盐城发生历史罕见的大风、暴雨、冰雹、雷电等极端天气，并对盐城市阜宁、射阳等地部分区域造成巨大破坏。灾害发生后，江苏省气象台初步判断有龙卷风发生。

"目前的自动气象站、雷达等观测设备的密度和性能还无法明确捕捉到龙卷风，只能初步推测，因此龙卷风都需要现场调查确认，并根据其破坏力确定其等级。"江苏省气象台台长解令运说。灾害发生后，江苏省气象局立即邀请国家气象中心强天气中心、北京大学、南京大学等单位共 10 位气象专家组成调查组前往盐城灾区进行现场调查。

调查组组长郑永光告诉记者，从现场破坏情况来看，十位专家一致认定，此次龙卷风为 EF4 级，风力超过 17 级，估算风速达到惊人的 73 米/秒。

江苏省气象局副局长杨金彪说，龙卷风总共分为 6 级，最低为 EF0 级，最高为 EF5 级，此次龙卷风强度接近于最高级别。从风力而言，目前对风力的分级中，17 级是最高级别，但这次龙卷风的风力超过了 17 级。

"对这次龙卷风强度定级，同样是依据现场的破坏状况来分析、推定的。"郑永光告诉记者，在现场，他们调查了解到很多房屋和一个水塔被完全摧毁；有汽车被大风抛起，并插到一个废墟中；有二三吨重的集装箱被大风抛起带到数百米外，并发生扭曲；有原本在水中、重达一两吨的水泥船舶被大风卷起，倒扣在岸上；还有通信铁塔拧成了麻花状。这些都彰显了此次龙卷风的巨大破坏力。

全力救灾
临时安置 1591 人

盐城市 26 日中午举行新闻发布会宣布，截至目前，特大风雹灾害造成 99 人死亡，受伤人员中有 107 人治愈出院；阜宁、射阳共设置 14 个安置点，共安置 1591 人。

据盐城市副市长吴晓丹介绍，此次灾害共造成受伤人员 846 人，其中 152 名重症病人全部及时转诊到市级有关医院。截至 25 日下午 4 时，已有 107 人治愈出院。目前，确认死亡人数上升到 99 人。

记者了解到，盐城所有县乡道路已全部恢复通行，阜宁县和射阳县受灾的 9 个镇区、29 个村居全部恢复供水。13.5 万停电用户已恢复供电 8.63 万户；电信、移动、联通等通讯公司的 743 个基站已恢复 685 个。

为强化卫生防疫和社会维稳，省市县共派出卫生防疫人员 165 人，发放消毒液、漂精粉等消杀药品 432 箱，全面展开受灾镇村的防疫工作，确保大灾之后无大疫。

（据新华社南京电）

第 3 章　风对建筑物的作用

3.1　风对环境的影响

3.1.1　概述

　　随着我国城市化进程的加快及科学技术的快速发展，各种布局多样、体形复杂的高层和超高层建筑大量崛起，由此产生了诸如安全、健康、节能等诸多风环境问题。钝体建筑的存在，改变了原来的流场，使得建筑物附近局部的气流加速，并在建筑前方形成停驻的漩涡，将恶化建筑周围行人高度的风环境，危及过往行人的安全；建筑群的相互干扰，会在建筑物附近形成强烈变化的、复杂的空气流动现象。一旦遇到大风天气，强大的乱流、涡旋再加上变化莫测的升降气流将会形成街道风暴，殃及行人（图3-1）。1972 年，英国 Portsmouth 市一位老太太在一座 16 层的大厦拐角处，被强风刮倒，颅骨摔裂致死；1982 年 1 月 5 日，在美国纽约的曼哈顿，一位 37 岁的女经济学家行走在世界贸易中心双塔附近的一栋 54 层的超高层建筑前的广场上时，被突然刮来的强风吹倒而受伤，为此她以"由于建筑设计和施工上的缺点"而造成"人力无法管理的风道"为由，向纽约最高法院对该建筑的设计人、施工者、建筑所有人、租借人，甚至包括相邻的世界贸易中心大厦的有关人员都提出了控告，诸如此类的问题在我们身边也时有发生。

图 3-1　大风中的行人百态（沈阳日报报道）

建筑群的布局不当，会造成局部地区气流不畅，在建筑物周围形成漩涡和死角，使得污染物不能及时扩散，直接影响到人的生命健康。香港淘大花园因为密集的高楼之间形成的"风闸效应"加剧了病毒的扩散与传播，引发了人们对"健康建筑"的广泛关注。

在国外，行人风环境问题早已成为公众关注的问题。日本的一些地方政府颁布政府条例规定，高度超过100m的建筑与占地面积超过10万 m^2 的开发项目，开发商必须进行包括行人风环境在内的对周边环境影响的评估。在澳大利亚，每一栋3层以上的建筑都需要进行风环境评估。在北美，许多大城市如波士顿、纽约、旧金山、多伦多等，新建建筑方案在获得相关部门批准之前，都需要进行建前和建后该地区建筑风环境的考察，以就新建建筑对区域行人风环境的影响进行评估。

在我国，风环境的研究刚刚处于起步阶段，虽然在一些重点工程的设计中也进行过风洞试验，但其主要目的都是利用空气动力学的手段，对待建建筑或构造物所引起的风载和风振问题进行研究，从而为结构上的抗风设计提供更为安全可靠的数据。由于室外风环境的预测长期得不到重视和缺乏有效的技术手段，设计师们一般是把注意力过多地集中在总平面的功能布置、外观设计及空间利用上，而很少考虑高层、高密度建筑群中空气气流流动情况对人和环境的影响。而以建筑学为切入点的关于结合建筑风环境的设计研究，更是极少涉及。

目前风环境问题在我国未能引起足够的重视，还没有一个地方政府和权威机构将此问题的管理提升到立法与规范的层面上。随着人们对室外环境的关注程度的日益提高，作为室外环境的一个重要方面的行人风环境应引起建筑界的重视，对风环境进行优化设计，必将成为住宅小区和城市规划的重要环节。为了营造健康舒适的居住区微气候环境，就需要在规划设计阶段对建筑风环境作出预测和评价，以指导、优化住宅小区的规划与设计。

3.1.2　建筑风环境的形成机理

在大气边界层中的梯度风，由于建筑钝体的阻挡而发生空气动力学畸变，造成了建筑物周边的气流在空间和时间上都具有非常复杂的非定常流性状。建筑物对上游的气流具有阻挡作用，在下游形成下洗现象，使周围的流场变得非常复杂，尤其是随着城市建筑密度的增加，建筑物之间的气流影响也增大，建筑物与主导风的角度、建筑物之间的距离、排列方式等产生的各种风效应对建筑物和周围的环境影响很大，大多数建筑物的形状都是非流线形体，各个方向的气流流经建筑物时都将引起振动问题，也会形成气流死区，易使附近某些空气污染物滞留而不利于周围的空气环境。

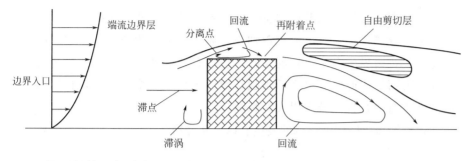

图 3-2　建筑绕流示意图

按照钝体空气动力学流动性质的理想假设，对于建筑物周围的流场，常忽略小尺度的非定常性，而用定常流的观点对流态可进行定性分析（图3-2）。因此，可以分为四个不同性质的流域。

1. 自由流区

自然来流在遭遇建筑钝体的阻挡时产生偏向，并在建筑物前方、侧方形成自由流区。它位于边界层外部的势流区，在理想的假设下，不考虑二次流所产生的紊乱，此流域可以用流体力学运动方程进行描述。

2. 分离剪切层区

一般情况下，在风速为零的边界层建筑物表面一直到建筑物外侧自由流域中间，有一个剪切层区，此剪切层是边界层从建筑物表面分离的时候，在分离后尾流与自由流区之间形成的。对于二维圆柱和矩形建筑来说，分离点不是一样的，圆柱建筑周围气流流动，因无角点，其分离点不固定，在不同雷诺数、来流湍流度和圆柱表面粗糙度下会有不同的流型。而一般绕矩形建筑的流动，分离点总是固定在前缘角点处，因此相对圆柱来说，流动特性对雷诺数不敏感。但是在此流动中，尾流和自由流区间发生的剪切作用会产生强烈的紊乱。

3. 尾流区

处于建筑物后方整个分离剪切层以内的流动区域即是尾流区。它与到达建筑物后方的自由流相比流速较弱，并且具有明显的环流。

4. 滞止区

处于建筑物迎风表面前方的区域称为滞止区。在这个流域的中心形成了气流的滞止点，滞止点上部是向上的流，下部是向下的流，并且在迎风面前侧形成驻涡，高处高能量的气体被输送到下方，并随着分离流线向侧面、后面传送。由于大气边界层气流具有很大的湍流度，另一方面，以钝体形式出现的建筑物具有各种形状的前缘，而来流湍流度和物体的形状对流体的分离、剪切层的形状以及尾流特性都有重要的影响。上述建筑物周边流域的性质随着建筑物的具体形状、自然风向等性质的变化而发生改变，流体从建筑物表面的分离和再附着现象是最有代表性的一种情况。流体再附着现象与流体入射方向和建筑物侧壁面的交角以及顺风方向建筑物边长有着密切的关系。一旦再附着现象在建筑钝体上产生，分离流与建筑物壁面间将产生强烈的旋涡，分离流线进一步向外侧推进使分离点近旁自由流收敛加强，风速加大。此外，当入射风的湍流度增大，边界层内湍流掺混加剧，它将有助于动量高的流体输运到建筑钝体表面，从而使分离推后出现，尾流域相应变窄。因此，自然风来流的性质对建筑物流域有很大的影响。

建筑物周边区域中强风的发生有以下几种情况：

1. 逆风

受高楼阻挡反刮所致，由下降流造成风速增大。高处高能量的空气受到高层建筑阻挡，从上到下在迎风面形成垂直方向的漩涡，也造成此处的风速加大。特别是与高层建筑迎风方向邻接的低层建筑物与来流风呈正交的时候，在底层建筑物与高层建筑物之间的漩涡运动会更加剧烈。

2. 穿堂风

即在建筑物开口部位通过的气流。穿堂风造成的风速增大，在空气动力学上认为是由于建筑物迎风面与背风面的压力差所造成的。

3. 分流风

来流受建筑物阻挡，由于分离而产生流速收敛的自由流区域，使建筑物两侧的风速明显增大。

4. 下冲风

由建筑物的越顶气流在建筑物背风面下降产生。这种风类似从山顶往下刮的大山风，危害特别大。

3.1.3　建筑风环境的评估方法

进行建筑风环境的评估，首先通过风洞测试或数值模拟分析获得绕流速度场分布信息，然后结合当地风的气象统计资料，并引用适当的风环境评估准则，最后获得风环境品质的定量评估结果，如图 3-3 所示。

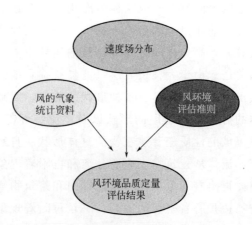

图 3-3　建筑风环境评估框图

1. 舒适性评估准则

行人高度风环境的舒适性是一个较为主观的概念。通常采用反向指标来定义它，即根据设计用途、人的活动方式、不舒适的程度，结合当地的风气象资料，判断局部大风天气的发生频率。如果这些时间发生的频率过高，则认为该区域的不舒适性是不可接受的。界定不舒适性的最高可接受的发生频率就是通常所说的"舒适性评估准则"。

举例来说，某些区域偶尔会有强风出现，但是因为发生的概率不大，所以人们会觉得它可以接受。而某些区域虽然风势不强，但是因为它发生的频率高，人们会觉得那些地方总是在刮风，觉得不能接受。除此之外，该地的设计使用目的也必须考虑。譬如对于公园的风环境舒适性要求，就要比人行道来得高，即作为休闲场所的公园，人们更希望不会经常出现强风。

如何适当评估风场环境对行人的影响，是一个相当主观的问题，所以到目前为止并没有一致的标准。如上所述，原则上，无论采用哪一种评估方法进行定量的舒适性评估，都应当有两个条件：（1）适当的行人舒适性风速分级标准；（2）各级风速标准的容许发生频率。在不同参考文献中可以发现各种不同的风速分级标准和对发生频率的不同规定。表 3-1 是常用的风环境评估准则。

风环境舒适性评估准则　　表 3-1

活动性	适用的区域	相对舒适性(蒲福风级)			等级
		可容忍	不舒适	危险	
快步	人行道	6	7	8	4
慢步	公园	5	6	8	3
短时间站立,坐	公园,广场	4	5	8	2
长时间站立,坐	室外餐厅	3	4	8	1
可接受性准则		<1 次/1 周	<1 次/1 月	<1 次/1 年	

由表 3-1 给出的舒适性判定标准可以发现，不同的活动性、适用区域对于风环境的要求各不相同。而可接受准则由于涉及风速概率问题，因此必须结合当地的气象资料进行研究。当按表中给定的功能进行设计时，可以认为 1～4 类区域都满足舒适度要求。而级别越高的区域，风速相对越高。比如 4 级区域仅适合用作人行道，当作为其他功能使用（如室外餐厅、广场等）时，则不满足舒适度要求。

如果某区域的风速超过了 1～4 类区域的要求，则应归入第 5 类，即该区域不满足舒适度要求，不能作为行人活动区域使用。

2. 风环境评估流程

以无量纲的风速比为基础，配合风向风速资料计算各级风速发生频率，并进行舒适度评估。分析的流程大致如下：

（1）提取各测点的风速值，并求出风速比。

（2）根据风速风向联合概率分布表，计算不同风向下各测点发生高于指定风速的概率。

（3）最后将各风向的概率分别累加，则可知测点发生高于指定风速的概率。

（4）根据步骤（3）计算得出的不同测点概率，结合选择的舒适度评估标准，评估该测点的风环境舒适度是否为可接受。若是则认为满足舒适度要求，若否则应考虑优化设计。

在步骤（2）中，需要掌握当地的风速风向联合概率分布表。通常该项资料由原始气象资料整理而得。而原始资料应包括的内容为超过 15 年的当地逐日最大风速及其对应的风向，再利用极值统计分析方法得出风速风向联合概率分布。通常日最大风速满足极值分布，可通过广义极值分布函数（Generalized Extreme Value Distribution，简称 GEV 分布函数族）的最大似然估计得出概率模型参数。

$$G(z) = \exp\left\{-\left[1 + \xi\left(\frac{z-\mu}{\sigma}\right)\right]^{-1/\xi}\right\}, \quad \{z : 1 + \xi(z-\mu)/\sigma > 0\}$$

$$(3\text{-}1)$$

在得出概率分布参数后，即可估算各区域出现大于特定风速的概率，并进行定量的舒适度评估。

3.1.4　城市风环境的改善

城市风环境的改善，需要规划设计部门在城区的改造和建设初步阶段考虑城区建筑群的分布对城市风环境的影响，表 3-2 用文字和图形结合的方式列举了一些改善城市风环境的规划措施，可以为相关的部门提供一些参考。

改善城市风环境的规划措施　　　　　　　　　　　　　　表 3-2

改善城市风环境的一些措施	图示说明
通过道路、空旷地方及低层楼宇走廊形成主风道，避免在主风道上设立障碍物阻挡风的通行	

续表

改善城市风环境的一些措施	图示说明
街道布局应与盛行风的风向平行排列或最多成30°角。与盛行风的风向成直角排列的街道,其长度应尽量缩短,从而减小街道两边建筑物对盛行风的阻挡作用	
在海边区兴建楼宇时,应审慎考虑规模、高度及排列是否适中,以免阻挡海/陆风和盛行风	
参差的建筑物高度水平,将低矮楼房和高楼大厦作策略性布局,可有助促进风的流动。层次分明的建筑物高度有助疏导风流,避免出现静止无风的状态	
在楼宇之间保留更多空间,这样可以达到提高建筑群通风效率的目的	
设计较细小、更通风及梯级型平台构筑物,这样可以改善局部的行人风环境	

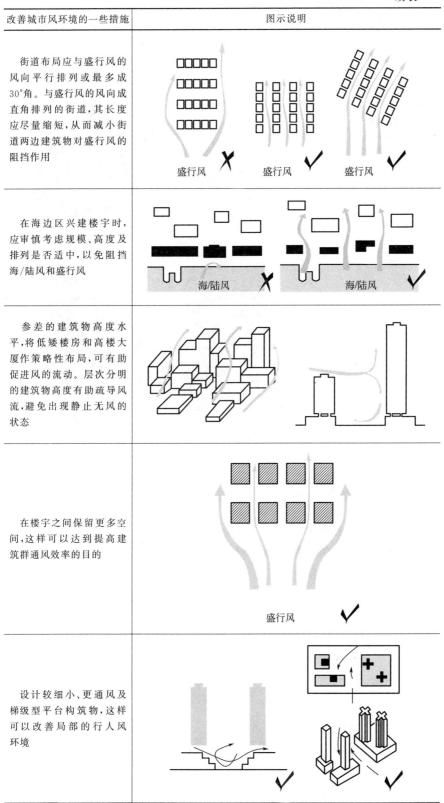

续表

改善城市风环境的一些措施	图示说明
增加城市的绿化面积，这样有助调节都市气候，改善空气的流动情况。市区的休闲场所应尽量栽种植物；路面、街道和建筑物外墙应采用冷质物料，以减少吸收日光	
建筑物外伸的障碍物（例如广告招牌）最好垂直悬挂，以免阻碍通风	

3.2　静力风荷载

　　流体在流动过程中会形成一个个小的漩涡，同时风的作用受温度、地形、建筑环境、建筑形状等影响较大，实际作用在结构上的风是一个动态的作用力。为了便于简化计算、便于工程师应用，同时不影响计算精度，《建筑结构荷载规范》将垂直于建筑物表面的风荷载标准值用以下两个表达式规定：

　　1. 计算主要受力结构时，

$$w_k = \beta_z \mu_s \mu_z w_0 \tag{3-2}$$

　　2. 计算围护结构时，

$$w_k = \beta_{gz} \mu_{sl} \mu_z w_0 \tag{3-3}$$

式中：w_k——风荷载标准值，kN/m^2；

　　　β_z——高度 z 处的风振系数；

　　　μ_s——风荷载体型系数；

　　　μ_z——风压高度变化系数；

w_0——基本风压，kN/m^2；

β_{gz}——高度 z 处的阵风系数；

μ_{sl}——风荷载局部体型系数。

式（3-2）和式（3-3）的基本参数大致相同。区别有两点：一是计算围护结构所采用的阵风系数只和风的脉动特性有关，而计算主要受力结构采用的风振系数不但和风的脉动特性有关，还和结构自身的振动特性有关；二是计算围护结构所采用的是局部体型系数，强调的是风压的局部特征，而计算主要受力结构采用的是体型系数，反映的是大面积范围风压的整体平均值。从另一个角度看，计算风荷载标准值的几个参数中，除了风振系数与结构动力特性之外，其他参数都只和风特性、建筑外形等因素有关。

3.2.1　基本风速和基本风压

衡量风的强度最直接的参数是风速，不同的风速作用在建筑物表面引起的风压是不相同的。因此，有必要按照统一的标准对各地区的气象资料进行统计，得出该地区的基本风速，以便工程应用。荷载规范定义的基本风速是"按当地空旷平坦地面上 10m 高度处 10min 平均的风速观测数据，经概率统计得出 50 年一遇最大值确定的风速"。该定义包含了三个要素：气象站的环境标准（空旷平坦地面 10m 高度）、风速的平均时距（10min 平均）和概率统计方法（50 年一遇的最大值）。以下逐条讨论这三个要素对基本风速的影响。

1. 气象站的环境标准

近地面的风速大小受离地高度和地貌的影响。大气在运动过程中，受到地球表面的植被、建筑、起伏不平的地貌等施加的阻力影响，风速越接近地面越小。因此规范规定在统计基本风速时，应当取离地面 10m 高度的风速数据。这个高度和我国气象台站风速仪的安装高度一致，也和国际标准一致。当风速仪的观测高度不是标准高度时，应当根据式（3-4）将风速观测数据换算到 10m 标准高度：

$$v = v_z \left(\frac{10}{z}\right)^{\alpha} \tag{3-4}$$

式中：z——风速仪的实际高度；

v_z——风速仪观测到的风速值；

α——空旷平坦地区的地面粗糙度指数（新修订的荷载规范中，该值为 0.15）。

另一方面，地表状况对风速也有较大影响。地面建筑物越多，植被越厚越密集，风的能量消耗就越大，因此高空处的风接近地面时减速就更多；反之风的能量消耗就较少，接近地面时风速减小的幅度就较小。因而，即使在 10m 高度，不同的环境条件下测得的风速也是各不相同的。荷载规范规定的观测数据应来自"平坦空旷地貌"，这和我国对建设气象台站的场地要求相同。

在统计基本风速时经常遇到的问题就是气象台站的地貌变化。近年来，随着城市建设的迅速发展，国内的不少气象台站已经不能满足原来的标准地貌条件，造成观测数据发生非气象因素的系统偏移，观测到的最大风速逐年下降。已有研究表明，地貌变迁造成的这种年最大风速失真，会对基本风速的统计造成极大影响。

对于这类在非标准地貌下获得的风速数据，如果能够准确判断各年份的地貌类别，可根据下式将其转换为标准地貌的数据：

$$v = \frac{v_{10}}{\sqrt{\mu_{z_g}}} \left(\frac{10}{z_g}\right)^{-\alpha} \tag{3-5}$$

式中：v_{10}——气象站观测到的最大风速值；

μ_{z_g}——梯度风高度的风压高度变化系数（新修订的荷载规范中，该值为 2.91）；

z_g——气象台站实际地貌的梯度风高度；

α——气象台站实际地貌的地面粗糙度指数。

当无法准确判断气象台站不同时期的地貌特点时，一般采用较早年份的风速数据进行统计，以保证不会低估基本风速值。

2. 风速的平均时距

风速是随时间波动的随机变量。采用不同的时间长度对风速进行平均，得出的平均风速最大值各不相同。平均时距短，就会将风速记录中最大值附近的较大数据都包括在内，平均风速的最大值就高；而平均时距长，则会将风速记录中较长时间范围的风速值包含在内，从而使离最大值较远的低风速也参与平均，平均风速的最大值就会有所降低。

图 3-4 给出了 10min 时间长度的风速记录。若以 3s 为平均时距，则可得到该时段内 3s 平均风速的最大值为 21.0m/s；而若以 1min 为平均时距，则可得出平均风速最大值下降为 15.9m/s。而这 10min 的平均风速值则是 14.2m/s。由此可见，平均时距越长，得出的平均风速最大值将会越低。

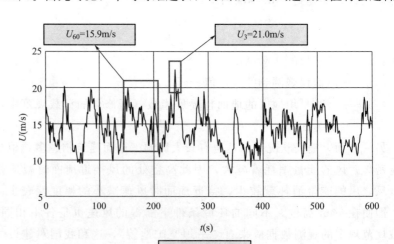

图 3-4   10min 时间长度的风速记录

　　因此，只有在相同的平均时距下描述风速，才能判断风速的相对强弱。根据气象行业标准《地面气象观测规范第 7 部分：风向和风速观测》QX/T 51-2007，平均时距在各个国家的风荷载标准中取值并不一致，这一方面是历史传统的原因，另一方面也和各国的风气候类型有关。如美国、澳大利亚等规定的基本风速按 3s 阵风的最大值取值；欧洲国家、日本和中国按 10min 平均风速的最大值计算基本风速；加拿大则取 1h 作为平均风速时距。

　　图 3-5 是 Van der Hoven 在美国纽约 Brook-haven 100m 高度测量所得的风速谱线。风速谱线的横坐标为小时波数（cyc/h），即 1h 内的周期数。横坐标采用的是对数坐标，因此横坐标-2 表示 1h10^{-2} 个周期（即脉动周期为 100h）。纵坐标则反映了不同周期数包含的脉动能量，其值越大，表示风速以该周期脉动所包含的能量越高。

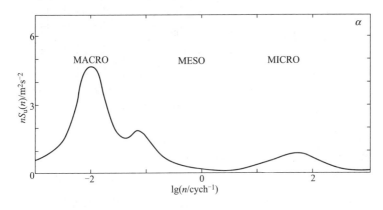

图 3-5　Van der Hoven 观测到的风速谱线

　　该风速谱线可分为三个区间：

　　（1）大尺度（MACRO）区：在 0.001～0.3 范围，其中 0.01 和 0.1 附近出现较为明显的峰值。这两个峰值分别对应 4d 和 12h 一个周期，与充分发展的天气系统有关，反映了大尺度气候背景下风的变化规律；

　　（2）中尺度（MESO）区：在 0.3～10 范围，即 3h～6min 的时间周期内，脉动风谱值较低，因此脉动能量较小。该段称为谱鞍区，也是中尺度区；

　　（3）小尺度（MICRO）区：在 10～700 范围，即 6min～5s 的时间周期内，风谱值相对中尺度区更高。并且这一区间的脉动能量与大气湍流有关，因此也称为小尺度阵风区，峰值周期大约在 1～2min 范围。

　　在其他地区观测到了类似的谱线，说明上述谱线特征具有较强代表性。从谱线值的绝对大小来看，大尺度区的谱线值最高，说明风速以大尺度（4d 或 12h）为周期的脉动能量最高。但对于建筑结构设计来说，并不关心这么大尺度的风速脉动，小尺度阵风区的风速脉动特性对于结构设计来说更为重要。

　　从风谱线的基本规律可知，如果在谱鞍区选取平均时距，由于它们都包含了能量最大的阵风区，可以反映若干个小尺度脉动周期的平均特性，因此得出的平均风速值将比较稳定。

不同时距得出的风速统计值各不相同，在进行比较时需要将其转换为相同的平均时距。风速大小、风气候类型等因素对转换系数都有影响，但工程应用上大致可按 ASCE7-05 给出的建议值进行调整换算，如图 3-6 所示。

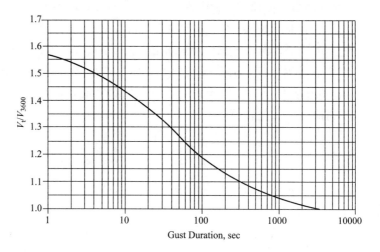

图 3-6　t 秒时距平均最大风速与 1h 时距平均最大风速的比值

3. 概率统计方法

气象站的观测资料包含了各种时间长度的风速记录，从这些风速记录中可以计算得出 10min 平均最大风速的日极值、月极值和年极值等。根据结构设计的需要，并考虑到气象变化的周期，世界各国都是以最大风速的年极值为样本，对基本风速进行统计分析。

年最大风速也是随机变量，满足特定的概率分布。荷载规范过去沿用苏联标准，按 Person Ⅲ 型曲线来拟合。从统计理论的角度可证明，独立同分布随机变量的最大值服从广义极值分布（Generalized Extreme Value Distribution，GEV 分布）。因此以 GEV 分布来描述年最大风速更为合理。GEV 分布的数学表达式为：

$$F(v) = \exp\left\{-\left[1 + \xi\left(\frac{v-\mu}{\sigma}\right)\right]^{-1/\xi}\right\}, \{v : 1 + \xi(v-\mu)/\sigma > 0\} \quad (3\text{-}6)$$

式中，ξ、μ 和 σ 分别是分布函数的形状参数、位置参数和尺度参数。当形状参数大于和小于 0 时，该函数分别对应极值 Ⅱ 型（Frechet）和极值 Ⅲ 型（Weibull）分布。而当 ξ 趋近于 0 时，GEV 收敛于极值 Ⅰ 型（Gumbel）分布函数，即：

$$F(v) = \exp\left\{-\exp\left[-\left(\frac{v-\mu}{\sigma}\right)\right]\right\}, \qquad -\infty < v < \infty \quad (3\text{-}7)$$

图 3-7 给出了形状参数分别取 0.2、0 和 −0.2 时的 GEV 分布函数曲线。由图可见，极值Ⅰ型分布为一直线，极值Ⅱ型有下界 $U_{\min} = \mu - \sigma/|\xi|$ 而无上界，而极值Ⅲ型则是有上界 $U_{\max} = \mu + \sigma/|\xi|$ 而无下界。从物理上讲，年

最大风速既应有上界，也应有下界，因此这三种极值分布各有其优缺点。在统计分析时，可基于年最大风速样本，根据一定的概率统计方法（如最大似然估计法）得出最适合样本的 GEV 分布函数参数。

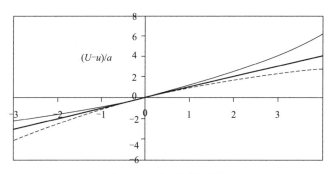

Reduced variate:-ln[-ln(Fu)]

图 3-7　GEV 分布函数族（从上至下分别为：极值 II 型、极值 I 型和极值 III 型）

工程上常采用重现期或多少年一遇来描述特定的风速值。所谓重现期是指风速连续两次超过给定值 v_0 的时间间隔（以年为单位）。若重现期 $R = N$，则表示连续 $N-1$ 年未出现高于特定风速 U_0 的情况，直到第 N 年才首次出现，这种情况的概率为

$$P(R=N) = \left[P(v \leqslant v_0)\right]^{N-1}\left[P(v > v_0)\right] = \left[F(v_0)\right]^{N-1}\left[1 - F(v_0)\right]$$

$$(3-8)$$

上式为重现期 R 的概率分布函数，由该函数可求得 R 的数学期望值

$$E(R) = \sum_{N=1}^{\infty} NP(R=N) = \left[1 - F(v_0)\right]\sum_{N=1}^{\infty} N\left[F(v_0)\right]^{N-1} = \frac{1}{1 - F(v_0)}$$

$$(3-9)$$

因此，用重现期规定基准值，相当于在年最大风速的概率分布曲线上规定相应的分位值。若将重现期规定为 50 年（或称 50 年一遇），则对应的风速值相当于在年最大风速的概率分布曲线上概率为 98％的分位值（也即风速的年超越概率 2％），这也是荷载规范对基本风速的取值标准。

应当注意的是，重现期只是风速年超越概率的另一种说法，表征了风速取值的安全度。当需要获得更高的保证率时，可降低年超越概率取值，风速的重现期也会相应提高。

从基本风速取值水平可推算出在结构设计使用年限内，年最大风速超过基本风速的概率。当结构设计使用年限为 T 年、而重现期为 R 年时，这一概率 r 可由下式进行计算：

$$r = 1 - \left[1 - \left(\frac{1}{R}\right)\right]^{T}$$

$$(3-10)$$

因此，当设计使用年限为 50 年时，在这 50 年的周期内，年最大风速至少有一次超过基本风速的概率约为 63.6％。

荷载规范现在采用的是极值 I 型分布，并应用 Gumbel 方法对年最大风速样本进行统计分析。

设有 N 年的年最大风速样本，将这些样本按由小到大排序，即令 v_1 $\leqslant v_2 \leqslant \cdots \leqslant v_N$ ，可得年最大风速的经验分布函数为：

$$F * (v_i) \approx \frac{i}{N+1} \qquad i = 1, 2, \cdots, N \tag{3-11}$$

定义序列：

$$y_i = -\ln\{-\ln[F(v_i)]\} \qquad i = 1, 2, \cdots, N \tag{3-12}$$

进而可得出极值 I 型分布参数 μ 和 σ 的估计值为：

$$\hat{\sigma} = \frac{S_v}{S_y} \qquad \mu\hat{\sigma} = \overline{v} - \hat{\sigma}\overline{y} \tag{3-13}$$

其中 S 代表样本均方根，上划线代表样本均值。序列 y_i 只和样本数量有关，而和年最大风速样本值无关，因此荷载规范附录中将不同样本数量时 y 的均值和均方根制作为表格，方便计算时采用。

在得出极值 I 型分布的参数后，即可根据选用的重现期，也即 $F(v)$ 的值，根据式（3-7）求出对应的风速值。荷载规范已将式（3-7）进行改写，以便于计算。

4. 风速与风压的转换

工程应用中，需要将风速转换为对应的风压。这种转换是根据贝努利方程进行的，如式 3-14：

$$p + \frac{1}{2}\rho v^2 = \text{const} \tag{3-14}$$

式（3-14）的第一项 p 为流体静压，第二项是流体动压，ρ 和 v 分别是空气密度和气流速度。该式适用于没有能量损失的理想流体流动。

速度为 v 的风，当其速度降为 0 时，动压将全部转化为静压，造成流体静压增加。通常将风速 v 对应的动压定义为风速压，因此基本风速 v_0 对应的基本风压为：

$$w_0 = \frac{1}{2}\rho v_0^2 \tag{3-15}$$

不同地区 50 年重现期的基本风压可查看《荷载规范》附录 D，由于某些城市并没有气象台站，对于附录 D 中没有的城市则应该查看与其临近的城市的基本风压值。

3.2.2 风压高度变化系数

荷载规范规定的基本风压是根据标准地貌下 10m 高度的风速资料得出的，因此在计算其他地貌、其他高度的风速压时，尚需考虑风压高度变化系数。

风压高度变化系数与平均风剖面有关，根据贝努利关系式（3-15），只要得出了风速沿高度的变化规律，就可以确定风压沿高度的变化。以往的研究表明，大气边界层在接近地面的下部区域，切应力大致为常数，在可忽略分子黏性应力的前提下，可以推导出平均风剖面的对数律分布：

$$v(z) = \frac{v_*}{k} \ln\left(\frac{z}{z_0}\right) \tag{3-16}$$

式中：v_* 为摩擦速度，k 是 Karman 常数，z_0 为地面粗糙长度。地面粗糙长度反映了不同的地貌特征，欧洲规范给出了 5 种典型地貌的粗糙长度值，见表 3-3。

典型地貌的粗糙长度值　　　　　　　　表 3-3

类别	地表分类	地面粗糙长度 z_0
0	海面	0.003
I	湖泊或无障碍物的平坦地面	0.01
II	田野、乡村	0.05
III	郊区、永久性森林	0.3
IV	城市	1.0

以往的观测表明大气边界层厚度可达数百米到数公里，但对数律的适用范围是从 $50z_0$ 左右的近地面到 10% 的边界层厚度，该区域也常称为大气表面层。在更接近地面的区域，由于分子黏性应力起控制作用，速度分布已不能用对数律描述；而在高于表面层的高度，速度梯度和雷诺应力都趋于减小，等切应力层假定不适用，因此速度分布也不服从对数律。欧洲规范仍沿用传统的对数律平均风速剖面，并规定其适用范围的高度上限为 200m。

由于对数律适用的高度范围有限，Deaves 和 Harris 提出了对数律修正模型（D&H 模型），在充分发展的大气平衡边界层内均适用：

$$v(z) = \frac{v_*}{k}\left[\ln\left(\frac{z}{z_0}\right) + 5.75\left(\frac{z}{h}\right) - 1.88\left(\frac{z}{h}\right)^2 - 1.33\left(\frac{z}{h}\right)^3 + 0.25\left(\frac{z}{h}\right)^4\right] \tag{3-17}$$

其中 h 为边界层厚度（也称为梯度风高度），它和摩擦速度及科里奥利参数有关：

$$h = \frac{cv_*}{f} \tag{3-18}$$

式中：科里奥利参数 $f = 2\omega\sin\varphi$，ω 和 φ 分别为地球自转角速度和当地纬度；c 为常数，其值不同文献报道有不同的值，大致在 $0.1 \sim 0.5$ 之间。

根据式（3-18），梯度风高度和地面摩擦速度、纬度都有关，且其计算值通常都在千米量级，例如有的研究利用北京市区 325m 气象台观测数据，根据 D&H 模型推算的梯度风高度甚至超过了 3000m。

对数律在较高区域不适用，D&H 模型的表达形式又比较复杂，因此目前大部分国家的风荷载规范都倾向于用指数律描述平均风速沿高度的变化，如图 3-8 所示。

$$v(z) = v_{\text{ref}}\left(\frac{z}{z_{\text{ref}}}\right)^{\alpha} \tag{3-19}$$

式中：z_{ref}和v_{ref}分别为参考高度和参考高度的风速，α为风剖面指数。

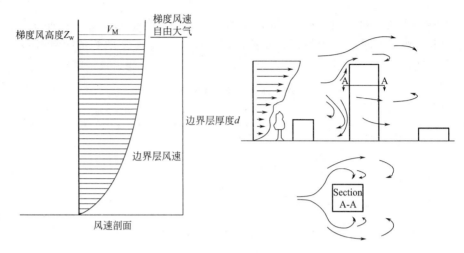

图 3-8   指数律平
        均风剖面

指数律形式简单，具有自相似特性，在工程应用上非常方便。对于非标准地貌下的剖面，可根据梯度风高度风速相同的假定，反推得出其参考高度风速。中国的《建筑结构荷载规范》GB 50009-2012 规定的四类地貌平均风速随高度变化见图 3-9，A、B、C、D 四类地貌见表 3-4，风剖面指数分别为 0.12、0.15、0.22 和 0.30。

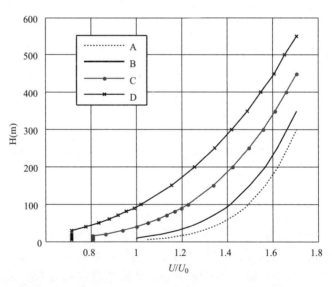

图 3-9   中国《建
        筑结构荷
        载规范》
        规定的平
        均风速剖
        面

不少文献比较了对数律（包括 D&H 模型）和指数律的区别，证明二者可以良好吻合。不过，与自相似的指数剖面不同，对数律剖面在风速不同时有不同的形状。因而相同地貌下的对数剖面，当其风速不同时，用指数剖面逼近得出的指数也各不相同，风速越高，对应的剖面指数越低，一些观测资料也得出了相似的结果。各国规范仅对一般情形作出规定，因而只将地面粗糙度类别作为划分风剖面的依据。

《建筑结构荷载规范》规定的四类地貌　　　　　表 3-4

A	近海海面和海岛、海岸、湖岸及沙漠地区
B	田野、乡村、丛林、丘陵记忆房屋比较稀疏的乡镇和城市郊区
C	有密集建筑群的城市市区
D	有密集建筑群且房屋较高的城市市区

1. 中国、日本和欧洲规范关于风剖面的规定

平均风速剖面的形状与风速的平均时距有关。中国、日本和欧洲规范的基本风速都取 10min 平均最大风速，因此风剖面具有可比性。

中国和日本规范采用的是指数律形式描述风剖面，而欧洲规范采用的是对数律，三种规范规定的不同地貌下的风剖面参数列于表 3-5。原荷载规范风剖面和其余两种规范的比较可参见图 3-10。通过这三种规范的比较，可以看出：

中国、日本和欧洲规范对于平均风速剖面的规定　　　　表 3-5

地面粗糙度类别		0	I	II	III	IV	V
中国	梯度风高度 z_G(m)	—	300	350	400	450	—
	指数 α	—	0.12	0.16	0.22	0.30	—
中国（修订）	梯度风高度 z_G(m)	—	300	350	450	550	—
	指数 α	—	0.12	0.15	0.22	0.30	—
日本	梯度风高度 z_G(m)	—	250	350	450	550	650
	指数 α	—	0.10	0.15	0.20	0.27	0.35
欧洲	地面粗糙长度 z_0(m)	0.003	0.01	0.05	0.3	1.0	—

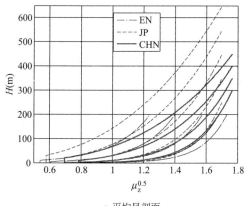

a. 平均风剖面

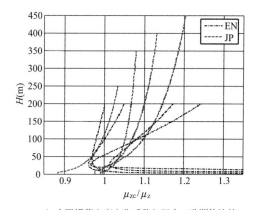

b. 中国规范高度变化系数与日本、欧洲的比值

图 3-10　中国、日本和欧洲规范平均风剖面的比较

（1）日本和我国规范规定的海洋类，相当于欧洲规范的 I 类，即大面积水域。欧洲规范的 0 类海洋地貌，用于海洋或者海岸，较为保守。

（2）日本和欧洲规范的三类地貌（海洋、开阔地、城市）平均风剖面较为接近。我国规范规定的四类风剖面，在区分度上则要小于日本和欧洲规范。另外，日本多了一类大城市中心区类别，而欧洲则多了一类海洋类别。

（3）标准地貌的梯度风高度我国和日本取值相同。但由于风剖面指数略有差别，我国规范的梯度风高度风速是基本风速的 1.77 倍，而日本是 1.7 倍。但其他类别的剖面，我国规范的高度变化系数又偏高。根据高度变化系数的比值图，A 类和 B 类地貌的高度变化系数与日本、欧洲区别不大，但 C 类和 D 类高度变化系数相比日本和欧洲规范偏高。

新的荷载规范调整了标准地貌的风剖面指数，并考虑到国内城市的不断扩张使地貌影响的范围更广，适当提高了 C 类、D 类地貌（城市和大城市中心）的梯度风高度。调整前后的平均风剖面见图 3-11。

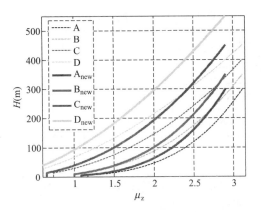

图 3-11　修订前后的平均风剖面

风压高度变化系数的主要作用是将基本风压（也即标准地貌下 10m 高度的风速压）转换为不同地貌上空任意高度的风速压。根据平均风速剖面的指数律公式（3-19）和风速与风速压的转换关系，可得：

$$q(z) = \frac{1}{2}\rho v^2(z) = \frac{1}{2}\rho \left[v_{\mathrm{g}} \left(z/z_{\mathrm{g}} \right)^a \right]^2 \tag{3-20}$$

其中 z_{g} 和 v_{g} 分别为梯度风高度和梯度风高度的风速。同一地区不同地貌上空的梯度风速 v_{g} 可认为是相同的，从而有：

$$v_{\mathrm{g}} = v_z \left(z_{\mathrm{g}}/z \right)^a = v_0 \left(350/10 \right)^{0.15} = 1.705 v_0 \tag{3-21}$$

代入式（3-20），得：

$$q(z) = \frac{1}{2}\rho v_0^2 \left[1.705 \left(z/z_{\mathrm{g}} \right)^a \right]^2 = 2.91 \left(z/z_{\mathrm{g}} \right)^{2a} w_0 \tag{3-22}$$

因此可得出高度变化系数的计算公式为：

$$\mu_z = 2.91 \left(\frac{z}{z_{\mathrm{g}}} \right)^{2a} = 2.91 \left(\frac{10}{z_{\mathrm{g}}} \right)^{2a} \left(\frac{z}{10} \right)^{2a} = k_a \left(\frac{z}{10} \right)^{2a} \tag{3-23}$$

式中的 k_a 可根据不同地貌下的梯度风高度和风剖面指数进行计算，由此即可得出四类剖面的风压高度变化系数：

$$\mu_z^{\mathrm{A}} = 1.284 \left(\frac{z}{10}\right)^{0.24}$$

$$\mu_z^{\mathrm{B}} = 1.000 \left(\frac{z}{10}\right)^{0.30}$$

$$\mu_z^{\mathrm{C}} = 0.544 \left(\frac{z}{10}\right)^{0.44}$$

$$\mu_z^{\mathrm{D}} = 0.262 \left(\frac{z}{10}\right)^{0.60} \tag{3-24}$$

另外考虑到近地面风速的不确定性，规范还分别规定了这四类地貌的风压高度变化系数计算公式的适用范围，对应 A、B、C、D 类地貌高度上限为各自的梯度风高度，而下限则分别取 5m、10m、15m 和 30m，即高度变化系数取值最高均为 2.91，而最小则分别不小于 1.09、1.00、0.65 和 0.51。

总的来看，本次修订后不同地貌的风压高度变化系数普遍下降；C 类和 D 类地貌下降的幅度相对更大。但由于本次规范修订还统一了风振系数和阵风系数采用的湍流度表达式，并提高了其取值水平，因此总的风荷载标准值并未因风压高度变化系数的调整下降过多，不少结构的风荷载值还有不同程度的增加。

2. 关于平均风剖面的讨论

关于平均风剖面，尚有以下几个问题需补充说明。

（1）关于地貌分类

规范中的地貌分类是对已有的实地观测资料进行统计分析，总结出几类较为典型的地貌，便于工程应用。但是，由于实测结果和地面粗糙程度估算方法都存在较多不确定性，准确的分类需要严谨细致的研究工作才能得出可靠的结论。但在工程上，往往难以进行准确的估算，针对此问题，规范的条文说明中根据风能耗散的经验公式，给出了地貌分类的近似确定方法。

（2）关于风场实测

风场实测对于了解风特性具有重要意义，现有的各国规范都是建立在过去进行的大量实测研究工作的基础之上。但是要获得可靠的实测结果具有相当的难度，原因主要在于实测环境条件的局限性和不可控性。比如，Businger 等人曾通过实测得出 Karman 常数为 0.35 的结论，并引发广泛讨论。但进一步研究表明该结果是因为受到观测塔架影响造成的。再如，大气温度层结状态对风剖面的影响非常显著。从物理角度考虑，稳定层结状态不利于不同高度空气的动量交换，从而增大了速度梯度，对应的剖面指数将更大；而不稳定层结状态正好相反，剖面指数将趋小。大风天气时以中性层结状态居多，因而各国规范给出的风剖面均对应中性层结状态。如果观测时忽略大气层结状态的影响，也可能得出片面的结论。

因此，对于实测成果的工程应用必须谨慎，只有在经过深入细致的调查分析，并获得其他旁证资料的情况下，才能将相关结果纳入规范体系。

（3）关于台风条件下的平均风剖面

风速剖面主要与地面粗糙度和风气候有关。根据气象观测和研究，不同的风气候和风结构对应的风速剖面是不同的。主导我国设计风荷载的极端风气候为台风或冷锋风。

与冷锋风形成的普通大气边界层相比，台风条件下的平均风速剖面更为复杂。Powell等综合了1997～1999年间美国观测到的331个台风数据，在《自然》上发表文章指出，200m以下的台风剖面与对数律较为吻合，风速随高度递增，在500m高度左右达到最大值；而在500m以上，由于水平压力梯度减弱，风速随高度降低。这种风速随高度增加而减小的变化特性，和普通大气边界层的"自由大气"有显著区别。Powell还发现台风剖面的"地面粗糙度"与风速存在较大关联，并分析了其物理原因。

国内的台风观测资料近年也逐渐增多。现有的观测表明在一定高度范围内，用对数律或指数律描述台风剖面是适用的。但与普通大气边界层相比，台风剖面的风速垂直切变较小，而风速的脉动性更强。鉴于台风的复杂性，有待积累更多系统、可靠的观测数据进行统计分析，因此各国规范都未将其剖面单独考虑。

但另一方面，在建筑结构关注的近地面范围，冷锋风和台风形成的风速剖面大致都符合指数律。因此从工程应用的角度出发，采用统一的风速剖面表达式也是可行和合适的。新修订的荷载规范在规定风剖面和统计各地基本风压时，也对风的性质并不加以区分，因此在规范给出的各地基本风压值中也反映了台风的影响。

3.2.3　风荷载体型系数

1. 体型系数的定义

来流风压作用在结构上，不同体型、布置、部位都可有不同的风压值，其平均值与来流风压之比即为风压体型系数，反映建筑上的平均静力荷载。体型系数目前均采用风洞试验或实物测试得到，由于后者花费的时间和财力均较多，因此绝大多数情况下采用风洞试验。顾名思义，建筑的体型系数与建筑体型有关。体型系数越大，建筑表面承受的平均风荷载越大。

风速压仅代表自由气流所具有的动能，不能直接作为风荷载的取值。为获得作用在建筑物表面的平均风压值，需根据气流在受到阻碍后的运动情况，用风速压乘上体型系数。

设 H 高度处的来流风速为 v_H，静压为 p_H，则建筑物 H 高度 i 点处的风压 p_i 通常以无量纲系数的形式表达，即点体型系数：

$$\mu_{si} = \frac{p_i - p_H}{\frac{1}{2}\rho v_H^2} \tag{3-25}$$

对于贝努利关系式（3-14）成立的区域，易推导得出

$$\mu_{si} = \frac{p_i - p_H}{\frac{1}{2}\rho v_H^2} = 1 - \left(\frac{v_i}{v_H}\right)^2 \tag{3-26}$$

由式（3-26）可知，当自由来流吹到建筑物迎风面受到阻滞时，风速 v_i 变为 0，此时体型系数等于 1.0。虽然由式（3-26）得出的体型系数最高不会超过 1.0，但当高处来流在压力梯度作用下，向下运动受到阻滞时，建筑物表面的局部的体型系数可能高于 1.0。这种现象对于高层建筑的近地面位置尤为常见。

对于流动速度大于 v_H 的区域，体型系数将为负值。严格讲，流动分离区和背风区存在较大的流动能量损失，贝努利方程一般不适用。但其定性分析得出的结果通常仍是正确的。如图 3-12 给出了封闭式坡屋面房屋体型系数的分布规律。

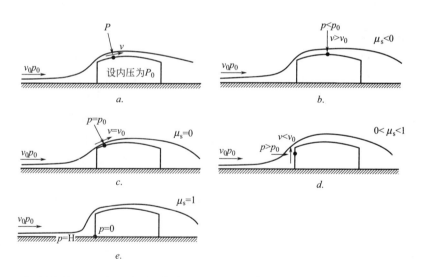

图 3-12　封闭式坡屋面房屋体型系数分析图

在迎风墙面，由于气流受到阻碍，流速降低，体型系数为正；而在屋檐处，流动发生向上分离，且流线变密、速度增加，体型系数为负值。

式（3-25）给出的是点体型系数，在主要受力结构设计取值时关心的是结构整体风荷载值。因此可以对较大面积范围的体型系数进行加权平均，得出某个受风面的整体体型系数，即

$$\mu_s = \frac{\sum_i A_i \mu_{si}}{\sum_i A_i} \tag{3-27}$$

例如，对于低矮封闭式房屋，其迎风面的体型系数分布并不均匀，迎风面的中间部分体型系数大多在 1.0 左右，但两侧则逐渐减小；规范将迎

风面的体型系数加权平均后，给出了 0.8 的体型系数值，作为主要受力结构设计时的风荷载取值。对于屋面也是如此，主要受力结构设计时，体型系数可简单的取单一数值（如 -0.6），代表了整个屋面的平均风荷载值；但在屋面的局部风压值往往会比该数值更低。

规范表 8.3.1 给出的"风荷载体型系数"都是指整体体型系数，适用于主要受力结构设计时的风荷载取值。

2. 体型系数与平均压力系数

在风洞测压试验中，通常取一个和来流动压有关的量作为参考基准，将作用于模型表面的风压无量纲化，由此得到的无量纲数称为压力系数。最常见的是将平均风压无量纲化，得出平均压力系数：

$$C_p = \frac{p_i - p_0}{f\left(\frac{1}{2}\rho v^2\right)} \tag{3-28}$$

式中 p_0 为来流静压，$f\left(\frac{1}{2}\rho v^2\right)$ 表示来流动压的某一线性函数。平均压力系数在一定风速范围是一个恒定值，因此根据平均压力系数和来流风速可以方便地求出作用在建筑物表面的风压值。

对比"点体型系数"定义式（3-25）和式（3-28），可以发现体型系数是一类特殊的平均压力系数，其参考基准取与测压点同高度的来流动压。

不同国家规范对于参考基准有不同的取值方法。例如，欧洲规范给出的屋面和背风墙面的平均压力系数，统一以檐口高度的来流动压作为参考压力，迎风墙面则根据高度，按条带取定参考压力；日本规范中的高层建筑，不论是迎风面、侧面还是背风面，都统一以建筑的总高度作为参考压力的取值高度。在对不同规范进行对比分析或者取值时，尤需注意参考压力的取值问题，避免混淆。

在建筑工程的风洞试验中，不同风洞实验室取定的风压参考基准可能各不相同，但都将试验得到的无量纲数称为风压系数。因此在使用风洞试验报告时，应根据报告给出的压力系数的说明，明确其物理含义，正确计算风荷载值。

各种各样的风压系数往往给设计人员造成困扰，也为数据的分析比较造成一定困难。即将实施的行业标准《建筑工程风洞试验方法标准》对于风洞试验应当满足的条件和数据处理方法等都进行了详尽的规定，可使风洞试验标准化、规范化。新规范也特别增加了 8.3.6 条，对风洞试验做出原则性要求，以突出风洞试验在确定风荷载过程中的重要性。

3. 体型系数的修订内容

荷载规范中给出的风荷载体型系数（表 8.3.1）共列出了 39 项不同类型的建筑物和各类结构体型及其体型系数，这些都是根据国内外的试验资料和国外规范中的建议性规定整理而成的。常见矩形建筑的体型系数见图 3-13。

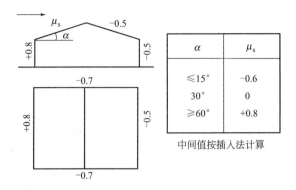

中间值按插入法计算

α	μ_s
$\leqslant 15°$	-0.6
$30°$	0
$\geqslant 60°$	$+0.8$

图 3-13　矩形建筑的体型系数

新规范对体型系数表进行了局部补充和完善。主要有三个方面：

(1) 增加了第 31 项"高度超过 45m 的矩形截面高层建筑"。与原规范相比，补充考虑了深宽比 D/B（D 为顺风向长度，B 为迎风面宽度）对背风面体型系数的影响。当平面深宽比 $D/B \leqslant 1.0$ 时，背风面的体型系数由 -0.5 变为 -0.6，矩形高层建筑的风力系数也将由 1.3 增加到 1.4。这是参考了大量风洞试验结果和有关文献作出的调整，使得高层建筑的风力系数更符合实际情况。

(2) 在第 2 项"封闭式双坡屋面"和第 4 项"封闭式拱形屋面"的体型系数规定中，增加了一条备注：μ_s 的绝对值不小于 0.1。增加这条备注的主要原因在于按照原规范规定得出的屋面体型系数可能为 0，根据风荷载标准值的计算公式，风荷载将等于 0，即可以不考虑风荷载作用，这和实际情况是不相符的。

如前所述，体型系数代表的是平均风压的大小。对于屋面结构而言，在某些情况下风压平均值可能正好等于 0，但风压是随时间变化的物理量，尽管其平均值为 0，但仍存在向上或向下的瞬时风压作用。为避免体型系数为 0 时带来的计算问题，修订后的体型系数的绝对值不能小于 0.1。换言之，当按照规范规定的计算方法得出的体型系数绝对值小于 0.1 时，在计算风荷载标准值时体型系数也应当按照 ±0.1 取值；尤其是由于平均风压接近 0，还应当考虑出现反方向风压作用的情形（即分别取 0.1 和 −0.1 进行计算）。

(3) 在第 27 项的备注 2 "本图屋面对风作用敏感"之后补充说明"风压时正时负"。原规范的备注已经指出"本图屋面对风作用敏感"，但不少设计人员对"敏感"的具体含义存在疑问，因此新规范进一步明确所谓"敏感"指的是流动情况的微小变化（屋面倾角的小幅变化、来流方向的微小改变或风速脉动强度的变化等各种因素）就可能造成风荷载作用方向的改变。

例如，图 3-14 给出了某屋面整体风荷载的作用时程，尽管平均风荷载体现为风吸力（$F_z < 0$），但在某些时刻，可能会出现反向作用的风荷载（$F_z > 0$）。因此，设计时应考虑 μ_s 变号的情况。

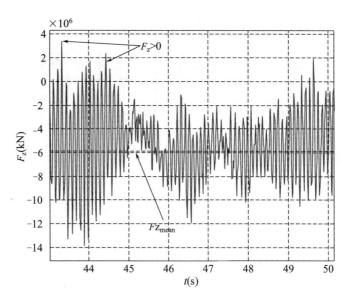

图 3-14　屋面风
荷载时
程样本

由此带来的问题是 μ_s 变号后如何取值。由图 3-14 可知，风荷载反向的主要原因是风荷载脉动幅度过大，超过了平均风荷载。因此，μ_s 变号只是为了获得反向风荷载的技术处理，其取值水平应当小于表征平均风压大小的真实的 μ_s 值。以本图屋面倾角为 15°时的情况为例，此时根据线性插值可知其迎风面的体型系数 μ_{s1} 应当取 -0.6；在考虑向下作用的风荷载时，μ_s 的取值应在 $0\sim0.6$ 之间（一般可取 0.2）。

鉴于反向作用的风荷载情况较为复杂，规范并没有对 μ_s 变号后的取值方法作出明确规定，应用中可根据屋面的体型特征、结合工程经验适当取值。基本原则是：表征平均风压大小的真实的 μ_s 绝对值越高，则考虑反向作用的风荷载时，取定的 μ_s 的绝对值应当越小。

还要说明的是，表 8.3.1 中的系数是有局限性的，风洞试验仍应作为抗风设计重要的辅助工具，尤其是对于体型复杂而且性质重要的房屋结构，更应该通过风洞试验确定其风荷载取值。

3.2.4　风荷载局部体型系数与内压系数

1. 局部体型系数

在主要受力结构设计时，可根据规范的 8.3.1 条取定体型系数值。但如前所述，体型系数是一定面积范围内点体型系数的加权平均值。当进行玻璃幕墙、檩条等围护构件设计时，所承受的是较小范围内的风荷载，若直接采用体型系数，则可能得出偏小的风荷载值。因此，规范规定在进行围护结构设计时，应采用"局部体型系数"。所谓的"局部体型系数"相当于式（3-25）给出的"点体型系数"，差异在于局部体型系数反映的仍是较小面积范围（如 $1m^2$）的平均风压大小，而非数学意义上的无面积的"点"。

流动状态对局部体型系数的影响很大。通常在产生涡脱落或者流动分离的位置，都会出现极高的负压系数。图 3-15 给出了风斜吹时，屋面锥形涡的流动形态示意图及实验得出的风压系数分布。由图可见，在产生锥形涡的房屋边缘，负压系数最高可达−4.2（对应体型系数约−2.7）；但在其他区域，负压系数仅−0.3 左右（体型系数约−0.2）。因此平均后的体型系数绝对值将较小，可用于主体结构设计；但若将该体型系数用于屋面局部檩条设计，将导致不安全的结果。

原荷载规范对局部体型系数给出了较为笼统的规定，分别规定了墙面、墙角边、屋面局部部位和檐口等突出构件的局部体型系数。各国规范对局部体型系数的处理方式也各不相同。如欧洲规范对表面的同一区域，按面积不同分别给出两个压力系数，一个用于较大面积的荷载取值，相当于我国规范的体型系数；而另一个用于较小面积的荷载取值，相当于我国的局部体型系数；日本规范则直接给出极值压力系数（相当于我国规范的体型系数和阵风系数的乘积）用于围护结构设计。

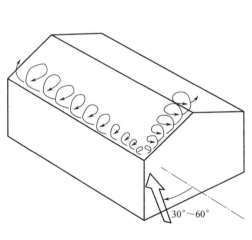
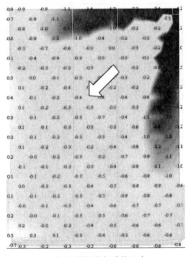

图 3-15　屋面锥形涡

a. 流动形态示意图　　　　b. 表面平均压力系数分布

新规范细化了原规范对局部体型系数的规定，补充了封闭式矩形平面房屋墙面及屋面的分区域局部体型系数，反映了建筑物高宽比和屋面坡度对局部体型系数的影响，并直接给出了屋面在 μ_s 变号时的取值方法。

另外对于未给出具体体型的建筑，规定可按主要受力结构的体型系数放大 25% 取值，这样就保证了迎风墙面的局部体型系数取值为 1.0，且负风压区的取值也有所放大。但应注意的是，这种取值方法对于局部风压绝对值较高的区域（边缘、尖角等流动分离位置）仍存在低估风荷载的可能性。因此，对于体型复杂、存在强负压区的建筑物，仍建议通过风洞试验确定准确的风荷载取值。

2. 面积折减系数

风压在空间的分布是不均匀的，尤其风压值很高的区域压力梯度很大。从图3-15b中可发现，当和屋面尖角的距离增大时，负压值显著减弱。因此，当檩条等围护构件的从属面积较大时，再按照尖角处的局部体型系数取值，就过于保守了。

为了考虑这种风压分布的空间不均匀性，在围护结构设计时引入了面积折减系数。原规范给出的面积折减系数主要是参考了欧洲规范的规定（图3-16），并将局部体型系数乘以0.8作为从属面积为10m²时的局部体型系数取值。换言之，围护结构设计时体型系数的取值最多可减小到原值的80%。

图3-16 欧洲规范的面积折减系数

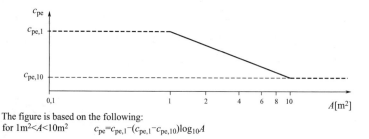

The figure is based on the following:
for $1m^2 < A < 10m^2$ $c_{pe} = c_{pe,1} - (c_{pe,1} - c_{pe,10}) \log_{10} A$

新规范中，对国内一些风洞试验结果进行试算，并参考了国外规范，对面积折减系数进行了调整。主要包括：

（1）将最大附属面积调整到25m²。对于风压梯度很高的区域，围护构件的附属面积越大，相应的折减系数应越小。这是由于工程中某些围护构件的尺寸较大，附属面积可能会超过10m²，因此提高了最大附属面积，以适应工程需要。

（2）按照风压的不同特性给出面积折减系数。墙面的风压分布与屋面相比，其梯度较小，因此折减系数仍维持原来规定的0.8。屋面的风压较为特殊，对于边角区域，负压很强（绝对值往往大于1.0）但压力梯度较高，进行面积平均后负压折减较多，因此对这些区域的折减系数可取到0.6；而屋面负压绝对值小于1.0的区域，往往是处于尾流控制区或背风区，压力梯度较小，因此规范规定不予折减。

（3）将面积折减系数的使用范围限定在"非直接承受风荷载的围护构件"。在幕墙、屋面板等直接承受风荷载的围护结构设计时，即使其面积较大，但局部的强压也可能导致其局部损毁，进而改变表面风压分布导致连续的破坏。近年来屋面板的风致破坏时有发生，因此规范的面积折减系数将"直接承受风荷载的围护结构"排除在外，以保证安全性。

3. 内压体型系数

建筑结构不但外表面承受风压，其内表面也会有压力作用。建筑的外部压力主要受体型的影响，而内部压力的影响因素则更为复杂，包括背景透风率、内部结构等。

若将问题简化，仅考虑空气质量守恒和贝努利方程式，可建立内压应当满足的方程式：

$$\sum_{1}^{N} A_j \sqrt{|p_{e,j} - p_i|} = 0 \tag{3-29}$$

式中，A_j 是外表面第 j 个开口的面积（流入时其值为正，流出时其值为负），$p_{e,j}$ 为开口处的风压值，而 p_i 为内压。

根据贝努利方程，$\sqrt{|p_{e,j} - p_i|}$ 就是第 j 个开口处的流动速度，因此上式表示流入建筑内部的空气量应当等于流出的空气量，如图 3-17 所示。

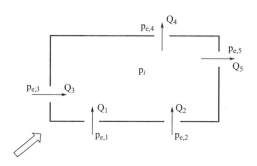

图 3-17　多开口房屋的入流与出流

由式（3-29）不难得出，当仅考虑房屋迎风面和背风面有开口时，内部风压体型系数值为

$$\mu_{si} = \frac{\mu_{sW}}{1 + \left(\dfrac{A_L}{A_W}\right)^2} + \frac{\mu_{sL}}{1 + \left(\dfrac{A_W}{A_L}\right)^2} \tag{3-30}$$

式中，μ_{si}、μ_{sW} 和 μ_{sL} 分别为内部风压体型系数、迎风面体型系数和背风面体型系数；A_W 和 A_L 则分别是迎风面和背风面的开口面积。当迎风面和背风面的开口面积相等时，可得出内压系数约为 0.15。实际上建筑的四面都有程度不同的开口，对于只考虑背景透风率的封闭式房屋，内压系数通常在 −0.2～0.2 之间，这也是原来规范规定的数值。

对于有主导洞口的建筑物，内部压力系数和开口处的体型系数值直接相关。考虑到设计工作的实际需要，参考国外规范规定和相关文献的研究成果，新规范对仅有一面墙有主导洞口的建筑物内压作出了简化规定。对于更复杂的情况一般需要通过风洞试验确定内部风压值。

4. 高层建筑群相互干扰

当建筑群，尤其是高层建筑群，房屋相互间距较近时，由于漩涡的相互干扰，房屋某些部位的局部风压会显著增大。对比较重要的高层建筑，通常应通过风洞试验确定其体型系数，以考虑周边建筑物的干扰。

建筑结构荷载规范中增加的矩形平面高层建筑的相互干扰系数取值是根据国内大量风洞试验研究结果给出的。已有研究表明，高层建筑的静力干扰效应主要表现为"遮挡效应"，即当目标建筑物上风向存在其他建筑时，干扰因子一般小于或等于 1.0，且建筑物相距越近，遮挡效应越显著。但是，在某些情况下静力干扰的干扰因子仍可能大于 1.0。比如当目标建筑物正好处于上游两幢高层之间的通道后方时，由于气流通过该通道时往往会加速，形成所谓的"狭管效应"，因此会使得目标建筑物得风荷载增加。考虑到干扰效应的复杂性，规范仅概要性地规定了干扰系数的取值范围，即对顺风向风荷载在 1.0～1.1 之间选取；对横风向风荷载在 1.0～1.2 之间选取。尽管干扰效应有时体现为风荷载的减小，但考虑到风向因素，规范未规定选取小于 1.0 的干扰系数。在使用时还需要注意该条文的适用条件是"矩形平面高层建筑"且"单个施扰建筑与受扰建筑高度相近"，即不考虑存在两个以上施扰建筑的情形。

最后，由于规范建议的干扰系数是基于"高频底座天平试验"得到的，因而仅适用于主体结构，不能用于围护结构的风荷载取值。由于通常的高层楼群不一定都能满足规范条文的使用条件，因此建议在条件许可的情况下，高层楼群最好通过风洞试验确定其准确的风荷载取值。

3.2.5 阵风系数

与结构主体上的风荷载不同，围护结构本身刚度比较大，风引起的结构振动比较小，不需要对舒适性进行考评。因此作用在围护结构上的风往往全部转化为结构的势能，因而只需要考虑可能作用于围护结构上的极值风。

1. 风压脉动特性和极值风压

自然界的风都是脉动的，其作用在建筑表面的风压也是脉动的。图 3-18 给出了一段典型的压力系数时程曲线。由这段时程可得出一个平均值（即平均压力系数）；而由于风压是脉动的，在曲线中会有最高压力和最低压力。

由体型系数直接计算得出的值是平均风压，将其直接作为围护结构设计时的风荷载标准值显然是不合适的，应当采用具有一定保证率的极值风压。根据表达方式的不同，可用两种方法计算极值风压，即：

$$\hat{p} = \overline{p} \pm g_t \sigma_p \quad 或 \quad \hat{p} = \beta_{gz} \overline{p} \tag{3-31}$$

其中 $\hat{p}$、$\overline{p}$、g_t、σ_p 分别代表极值风压、平均风压、峰值因子和脉动风压（风压均方根）。第一式的正负号应根据平均风压的方向确定。平均风压为正，应取正号，反之则取负号，以获得绝对值较高的极值风压。这两个计算式本质上是等价的，但从规范规定的角度，采用阵风系数乘以平均风压的形式规定极值风压更为方便。

另外根据式（3-31）中第一式的计算方法也可发现，当脉动风压幅度超过一定程度后，将可以抵消平均风压值，使得该式取正负号时得出的极值风压具有不同的符号（即作用方向）。前文已经述及，对于某些屋面应考虑 μ_s 变号的情况。根据此计算公式可更好的理解该规定的物理原因。

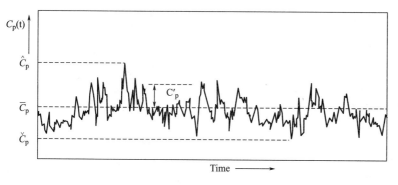

图 3-18　典型的压力系数时程曲线

2. 准定常假定

为了从风的脉动特性得出表面风压脉动特性，进而得出阵风系数，各国规范普遍引入了"准定常假定"。所谓的准定常假定，即假定建筑结构表面风压和来流的风速压同步脉动。换言之，就是认为体型系数不随时间变化。在此前提假定下，表面风压随时间的变化 $p(t)$ 可以表示为：

$$p(t) = \mu_s \frac{1}{2}\rho v^2(t) = \mu_s \frac{1}{2}\rho \left[\overline{v} + v'(t)\right]^2 = \mu_s \frac{1}{2}\rho \left[\overline{v}^2 + 2\overline{v}v'(t) + v'(t)^2\right]$$
(3-32)

其中 $\overline{v}$ 和 $v'(t)$ 分别是平均风速和脉动风速。对上式取均值，可得平均风压为：

$$\overline{p} = \mu_s \frac{1}{2}\rho \left[\overline{v}^2 + \sigma_v^2\right]$$
(3-33)

其中 σ_v 为风速均方根。定义湍流度：

$$I_v = \frac{\sigma_v}{\overline{v}}$$
(3-34)

一般情况下，风速的均方根与平均风速相比是小量，即湍流度不大，因而平均风压中的风速方差项可忽略，则有

$$\overline{p} = \mu_s \frac{1}{2}\rho \overline{v}^2$$
(3-35)

从式（3-32）减去式（3-35）后，可得脉动风压值为：

$$p'(t) = \mu_s \frac{1}{2}\rho \left[2\overline{v}v'(t) + v'(t)^2\right] \approx \mu_s \rho \overline{v}v'(t)$$
(3-36)

从而风压的均方根可表示为

$$\sigma_p = \sqrt{\overline{p'^2}} \approx |\mu_s|\rho\overline{v}\sigma_v$$
(3-37)

结合式（3-37）和式（3-35），可得

$$\frac{\sigma_p}{|\overline{p}|} = \frac{|\mu_s|\rho\overline{v}\sigma_v}{|\mu_s|\frac{1}{2}\rho\overline{v}^2} = \frac{2\sigma_v}{\overline{v}} = 2I_v$$
(3-38)

因此，在准定常假定下，通过一系列推导可以建立风压脉动与风速脉动的关系，从而可以用风速脉动的度量（湍流度）来定量描述风压脉动。

3. 阵风系数与湍流度剖面

由前可知，在准定常假定下，脉动风压与平均风压的比值等于湍流度的 2 倍。将式（3-38）代入极值风压的计算公式（3-31），可得

$$\hat{p} = \overline{p} + sign(\overline{p})g_t\sigma_p = \overline{p}(1 + 2g_tI_u) \tag{3-39}$$

其中 $sign$（）为符号函数，$sign(\overline{p})$ 表示取平均风压的符号，从而阵风系数可表示为

$$\beta_{gz} = \frac{\hat{p}}{\overline{p}} = 1 + 2g_tI_u \tag{3-40}$$

根据式（3-40）可知，决定阵风系数取值的主要是两个参数：峰值因子和湍流度。

从随机过程角度看，峰值因子反映的是一定时间长度内极值的期望值与其平均值的偏离程度，和取定的时间长度和穿越率有关；而从概率分布的角度看，峰值因子的取值则主要取决于预定的风压保证率，取值越大则保证率越高。综合考虑我国规范的历史沿革和工程建设的实际情况，荷载规范将峰值因子取为 2.5。

湍流度是影响阵风系数大小的另一个重要因素。但影响湍流度的因素很多，除了地貌和高度之外，风速大小、风气候类型也对湍流度的大小有影响。但在工程应用上，只能采用统一的表达形式进行计算。综合以往研究成果，荷载规范根据下式定义湍流度剖面：

$$I(z) = I_{10}\left(\frac{z}{10}\right)^{-\alpha} \tag{3-41}$$

其中 z 为离地高度，α 为风剖面指数，I_{10} 则为各地貌下 10m 高度的湍流度，A、B、C 和 D 四类地貌分别取 0.12、0.14、0.23 和 0.39。另外，由于近地面风的不确定性较高，湍流度剖面也和平均风速剖面一样规定了截止高度，即四类地貌高度取值分别不应小于 5m、10m、15m 和 30m，也即阵风系数分别不大于 1.65、1.70、2.05 和 2.40。

新规范中，阵风系数和风振系数都采用相同的湍流度表达式（3-41）。而修订后的阵风系数与原规范相比，A 类和 B 类大致相当，C 类和 D 类则有不同程度的增加（见图 3-19）。由于风压高度变化系数下降了，因而总的效果应当根据风压高度变化系数和阵风系数的乘积（也可称为极值风速压系数）来判断。修订后的极值风速压系数与修订之前的比值如图 3-20 所示。

由图 3-20 可见，修订后的极值风速压系数与原来相比在 25m 高度以上有所下降，下降幅度在 5%～10% 之间。也即在局部体型系数和基本风压值不变的前提下，根据新规范计算得出的围护结构风荷载标准值将下降 5%～10%。

新规范中另一个重要变化是不再区分幕墙和其他构件，在围护结构设计时都需要考虑阵风系数。从物理背景角度看，不管是作用在幕墙上还是在屋面上，风压值都是随时间变化的，应当采用风压极值进行结构设计；

从工程实践的角度看，近年来轻型屋面围护结构风灾破坏的情况时有发生，虽然并不全是因为风荷载取值偏低造成的，但仍有必要调整其风荷载取值水平，提高其安全冗余度。

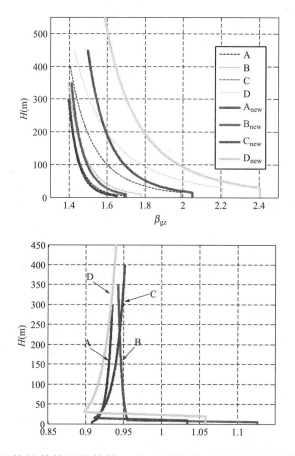

图 3-19 修订前后阵风系数的比较

图 3-20 极值风速压系数之比（修订后/修订前）

对幕墙以外的其他围护结构，由于原规范不考虑阵风系数，所以新规范中其风荷载标准值会有明显提高。但对低矮房屋非直接承受风荷载的围护结构，如檩条等，由于其最小局部体型系数由 -2.2 修改为 -1.8，按面积的最小折减系数由 0.8 减小到 0.6，因此整体取值与原规范相当。

3.3 动力风荷载风振

风作用在建筑物上的绕流情况如图 3-21。风荷载可分为顺风向风荷载、横风向风荷载和扭转力矩。

顺风向风荷载主要是由作用在迎风面的正压和背风面的负压共同决定的，其平均值与来流风速有明确的函数关系，而脉动部分与来流的脉动有较好的一致性，因此在理论上可以根据准定常假设和大气湍流的基本特性，利用气动导纳和响应函数得以量化。

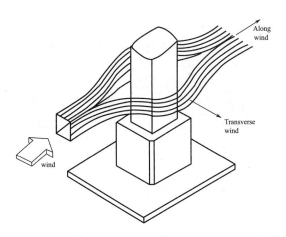

图 3-21　高层建筑绕流

横风向风荷载则与钝体绕流的漩涡脱落密切相关。涡脱落是一种非常复杂的流体力学现象，对于不同截面形状和不同雷诺数（$R_e = UL/v$，右端项分别为来流风速、建筑特征尺度、空气的黏性系数）的流动，涡脱落的情况和无量纲频率（Strouhal 数，$S_t = fD/U$，右端项分别为涡脱落频率、迎风宽度和来流风速）有很大区别。例如，对于二维圆柱而言，可以根据 R_e 数不同大致可以将它的流态划分为三个阶段：当 $R_e < 3 \times 105$ 时，旋涡形成是很有规则的，并伴随周期性的从柱表面脱落，该阶段又称为亚临界（Subcritical）阶段；第二个阶段是超临界（Supercritical）阶段，R_e 数范围大致在 $3 \times 105 \sim 3.5 \times 106$，柱体表面的边界层从层流状态过渡到湍流状态，尾流变得非常紊乱，影响区域变窄，涡脱落没有规律；当 $R_e > 3 \times 106$ 后，又重新出现了有规律的涡脱落，但是尾流仍然相当紊乱。这一阶段称之为跨临界（Transcritical）阶段。对于规则涡脱落情况，其 S_t 数一般为 0.18。对于方型截面的钝体，情况则很不一样。不仅涡脱落频率与截面长宽比有关，且当截面长宽比超过一定范围，还会出现流动再附等现象，如图 3-22。对于超高层住宅来说，由于其顶部风速较高，而固有频率较低，因此往往会出现涡脱落频率与自振频率接近的情况。此时，建筑物将会产生明显的横风向振动，横风向风荷载将远高于顺风向风荷载，必须采取调整结构、安装 TMD 等措施来降低横风向共振的危害，以确保建筑物的安全。

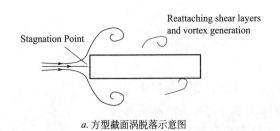

a. 方型截面涡脱落示意图

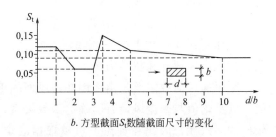

b. 方型截面 S_t 数随截面尺寸的变化

图 3-22　钝体绕流的涡脱落

扭转力矩与结构体系特征和作用在建筑上风荷载的对称性有密切关系。尤其当建筑物存在弯扭耦合时，风作用下的扭转力矩在总体风荷载中不可忽略。

3.3.1　结构顺风向风振计算的基本理论

在风力作用下，结构将产生振动；振动着的结构又会改变其表面风荷载分布，即和风力之间产生耦合作用。风对结构的动力作用可用空气动力学方法进行描述，而结构和风力之间的耦合作用可用气动弹性力学方法进行描述。

当结构振动幅度不大时，结构和风力之间的耦合作用可以忽略不计。此时，可将风对结构的作用理解为是一种理想动力荷载作用。由于风是具有随机性的空气流动，因而其对结构的动力作用也具有随机性，由此产生的结构振动也具有随机性。从这个意义上讲，结构风振问题可以归结为在随机动力荷载作用下的结构动力学问题。

对结构风振问题进行理论计算，主要涉及计算模型和计算方法两个方面。

计算模型包括了风荷载模型和结构模型。由于实际工程结构以及风荷载的复杂性，目前还不能用准确的解析方法描述它们，必须作一系列的近似和简化。就计算方法而言，受制于目前的理论发展水平，对所建立的复杂运动方程的求解也难以做到尽善尽美，因而也必须引入一些近似和简化。

所有这些近似和简化，都不免会产生一定的误差，使得理论计算结果难以十分准确地反映实际问题的本质。产生误差是在所难免的，但只要能对产生误差的来源和误差的可能范围胸中有数，就有把握将理论计算的结果应用于工程实际问题中。

因此，本节主要从计算模型和计算方法两个方面对结构顺风向风振计算作简要介绍。

1. 计算模型

按照目前的结构风工程理论，结构风振问题可划分为顺风向风振、横风向涡激风振、扭转风振，以及耦合风振等几类问题。所谓顺风向风振，一般是指结构在沿着风流动方向产生的振动。

本节以矩形等截面高层建筑顺风向风振问题为例介绍结构顺风向风振的基本原理和计算方法。为便于分析，本节采用等截面匀质竖向悬臂梁作为该高层建筑的计算模型，且假定其为线弹性结构，忽略与风产生的耦合作用，结构计算简图如图 3-23a 所示。事实上，目前各国在风荷载规范的理论分析部分大都采用这种计算模型。

在顺风向风振的情况下，作用在建筑物表面上的风荷载，应垂直于迎风面和背风面且对称于结构主轴（设为 X 轴），以致不产生扭转风荷载。

至于建筑物两个侧面的风荷载，认为两侧面风荷载对称且反向，因而相互抵消，故不予考虑（事实上，这部分合力未必为零，但按目前的结构风工程理论，将其归入横风向风振问题考虑）。

至于迎风面和背风面上的风荷载，一般认为它们之间存在不完全相关性。国际上一些研究者对此作过一系列研究，也提出了不尽相同的相关性理论模型。但不同之处不外乎是采用迎风面、背风面风载完全相关和不完全相关两种选择。

本节作为对结构风振基本原理和计算方法的介绍，拟不对此问题作深入探讨，而是简单地按完全相关模型考虑，即将作用在结构迎风面和背风面上的风压代数相加，得到作用在结构上的总风压 $w(y,z,t)$，其中的坐标 (y,z) 表示风荷载是沿迎风面分布的。必要时，可针对迎风和背风面上风荷载的不完全相关性通过引入修正系数的方法予以修正。于是，可将迎风面的风压 $w(y,z,t)$ 在 z 高度处积分，得到线分布荷载 $q(z,t)$：

$$q(z,t) = \int_{-B/2}^{B/2} w(y,z,t)\mathrm{d}y \qquad (3\text{-}42)$$

式中，B 为结构迎风面宽度，如图 3-23a）所示。

这样，就得到了图 3-23b 所示的结构模型和风荷载模型，以此作为本节分析的基础。为简单起见，这里假设结构是全封闭的，即不考虑建筑物开敞部分产生的内压影响。

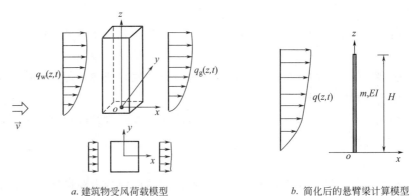

图 3-23   结构顺风向风振计算模型

a. 建筑物受风荷载模型   b. 简化后的悬臂梁计算模型

由于风荷载 $q(z,t)$ 具有动力性质且具有随机性，故应视其为随机过程，其随机性既体现在空间上（即 y,z 坐标）也体现在时间上（即变量 t）。根据随机过程理论，任何随机过程都有均值函数（即数学期望）。对于风荷载 $q(z,t)$ 而言，其均值函数是 $\bar{q}(z,t)$。在一般情况下，均值函数应是时间 t 的函数，但目前的结构风工程理论假定：风荷载 $q(z,t)$ 为平稳随机过程（定常过程）。这样，均值 $\bar{q}$ 将不再是时间的函数，而成为仅随高度 z 变化的函数 $\bar{q}(z)$。

于是，可以将原来的风荷载分成两部分表示：均值 $\bar{q}(z)$ 和在均值

$\overline{q}(z)$ 附近随时间显著变化的动力荷载 $\tilde{q}(z，t)$。$\tilde{q}(z，t)$ 的特点是均值为零。这样，风荷载 $q(z，t)$ 可表达为：

$$q(z,t) = \overline{q}(z) + \tilde{q}(z,t) \qquad (3-43)$$

这样处理的物理含义可理解为：实际测到的风荷载时程曲线的某一样本 $q(z，t)$，如图 3-24 所示。在 $q(z，t)$ 为平稳过程的假定下，可以将坐标系 $q(z，t) \sim t$ 变换到 $\tilde{q}(z，t) \sim t$。其中 $\overline{q}(z)$ 就是由通常所说的平均风压 $\overline{w}(y，z)$ 积分而成的线分布力，且视其为静力荷载；$\tilde{q}(z，t)$ 就是由通常所说的脉动风压 $\tilde{w}(y，z，t)$ 积分而成的线分布力，且视其为动力荷载。其中，$\tilde{q}(z，t)$ 为零均值平稳随机过程。

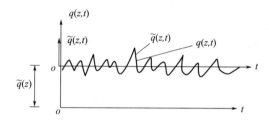

图 3-24 平均风载、脉动风载和总风载之间的关系

根据式（3-43），由式（3-42）不难得出：

$$\overline{q}(z) = \int_{-B/2}^{B/2} \overline{w}(y,z)\mathrm{d}y \qquad (3-44a)$$

$$\tilde{q}(z,t) = \int_{-B/2}^{B/2} \tilde{w}(y,z,t)\mathrm{d}y \qquad (3-44b)$$

线分布脉动荷载 $\tilde{q}(z，t)$ 的一些主要统计特性，实质上也就是脉动风压 $\tilde{w}(y，z，t)$ 的统计特性，如概率分布、相关函数、功率谱密度函数等。然而，由于风的复杂性和观测技术手段及成本的限制等，目前对风的这些统计特性尚不能说研究得很完善。在我国，由于观测统计资料较少，到目前为止仍主要是采用国际上主流的、被普遍认可的脉动风统计模型。

关于脉动风的统计特性，目前国际上主要有以下几方面的模型：

（1）概率分布：目前普遍接受的观点是脉动风速可假定为服从高斯分布（即正态分布），所以一般是将脉动风假定为零均值平稳（各态历经）的高斯过程。

需要指出的是，结构风工程界最近的研究表明，建筑物表面（尤其是背风面分离区）的脉动风压未必服从高斯分布。所以，建筑物表面风荷载的非高斯特性研究是目前结构风工程界研究的热点之一，但尚未取得成熟的进展。

（2）功率密度函数：国际上广泛认可的几个主要风速谱模型是 Von Karman 谱、修正的 Kaimal 谱、Davenport 谱、Harris 谱等。其中，日本、澳大利亚和新西兰等国的风荷载规范采用 Von Karman 谱；美国和欧洲规范采用修正的 Kaimal 谱；加拿大和我国规范采用 Davenport 谱。我国规范采用的 Davenport 风速谱可按下式计算：

$$S_v(n) = 4K\overline{v}_{10}^2 \frac{x_0^2}{n(1+x_0^2)^{4/3}} \quad (x_0 = \frac{L_x n}{\overline{v}_{10}}, L_x = 1200) \quad (3\text{-}45)$$

式中，K 是与地面粗糙度有关的常数，$\overline{v}_{10}$ 是离地 10m 高处的平均风风速。由式（3-45）可知，Davenport 风速谱是沿高度不变的谱。需要说明的是，式（3-45）给出的 Davenport 谱是指空间任意一点风速的自谱，且应理解为是单边谱，即 $0 \leqslant n \leqslant +\infty$。

（3）频域空间相关性函数：它是指空间任意两点的脉动风速之间在频域内的相关关系；一般认为，它随两点之间距离的增加而呈指数衰减趋势。被国际上普遍认可的几个空间相关性模型有 Davenport 的与频率有关的模型、Shiotani 的与频率无关的模型、ECCS（欧洲钢铁建造工程协会）的与频率无关的模型等。其中，以 Shiotani 的与频率无关的模型计算最为简便，且在我们感兴趣的范围内与 Davenport 模型的结果相近。我国规范采用的是 Shiotani 的频域空间相关性模型，其表达形式如下：

$$\rho(y_1, z_1; y_2, z_2) = \exp\left[-\sqrt{\frac{(y_1-y_2)^2}{L_y^2} + \frac{(z_1-z_2)^2}{L_z^2}}\right]$$

$$(L_y = 50, L_z = 60) \quad (3\text{-}46)$$

式中，(y_1, z_1) 和 (y_2, z_2) 表示是结构迎风面上的两点。可见，$\rho(y_1, z_1; y_2, z_2)$ 是与频率 n 无关的函数。

（4）湍流度和湍流积分尺度：这是风作为大气边界层以内空气流动特性的又一组特征参数，它们一般是根据所采用的风谱模型而确定。我国采用的 Davenport 风速谱中反映湍流积分尺度的参数为 $L_x = 1200\text{m}$。

湍流度被定义为脉动风速根方差与平均风速之比值，反映的是空气流动紊乱的程度。湍流度是随高度变化的，其沿高度变化的规律也被称为湍流度剖面。一般而言，越是接近地表，风流动因受到障碍物的阻碍而越紊乱，因而湍流度越大；越接近高空，障碍物越少，风流动越接近平稳，因而湍流度越小；当达到梯度风高度以上时，可认为已进入平流层，风的流动状态接近层流。建筑结构荷载规范明确给出了湍流度的计算式：

$$I(z) = \frac{\sigma_{\overline{v}}(z)}{\overline{v}(z)} = I_{10}\left(\frac{z}{10}\right)^{-\alpha} \quad (3\text{-}47)$$

式中，α 是地面粗糙度指数；I_{10} 为 10m 高度处的名义湍流度，对应于 A、B、C 和 D 类地面粗糙度，可分别取 I_{10} 为 0.12、0.14、0.23 和 0.39。

2. 计算方法

（1）基于随机振动理论的方法

理论上讲脉动风响应的均方根的计算可采用概率统计方法利用响应的概率分布函数计算，但尽管结构风工程理论假定脉动风服从高斯分布，若按这种方法计算却是异常困难，目前几乎未见这种做法。目前主要方法是基于上述脉动风谱和空间相关性模型的频域方法。

根据结构随机振动理论和上述脉动风荷载的解析模型，在假定阻尼也符合主振型正交性的前提下（一般是指小阻尼情形），可采用振型分解法计算结构的动位移响应方差。首先，根据式（3-45）给出的 Davenport 风速谱和"准定常假定"给出的脉动风压和脉动风速之间的关系式，可以推导得出脉动风压谱 $S_{\tilde{w}}(y, z, \omega)$ 的算式，并据此求出线分布力 $\tilde{q}(z, t)$ 的谱 $S_{\tilde{q}}(z, \omega)$；进而，根据结构随机振动理论可推导出动位移响应方差的计算式如下：

$$\sigma_{\mathrm{x}}{}^2(z) = \sum_{k=1}^{m} \sum_{l=1}^{m} \phi_k(z) \phi_l(z) \int_{-\infty}^{\infty} H_{\mathrm{qK}}^*(i\omega) H_{\mathrm{q}l}(i\omega) S_{\mathrm{fK}\mathrm{f}l}(\omega) \mathrm{d}\omega$$

$$(3-48)$$

式中，$\phi_k(z)$ 和 $\phi_l(z)$ 是结构第 k 阶和第 l 阶固有振型函数，可按结构动力学方法求出；q_k 和 q_l 为对应于第 k 阶和第 l 阶振型的广义坐标；$H_{\mathrm{qK}}^*(i\omega)$ 和 $H_{\mathrm{q}l}(i\omega)$ 是第 k 和第 l 阶振型广义坐标的频率响应函数，它们互为共轭复函数（ * 表示复共轭）；而 $S_{\mathrm{fK}\mathrm{f}l}(\omega)$ 则为第 k 阶和第 l 阶振型广义力的互谱，可通过 $\tilde{q}(z, t)$ 计算；m 为所截取的振型数。由于建筑结构属无限自由度体系，因而有无穷多个固有频率和振型。在实际计算中，一般只能截取前 m 阶振型；由此所产生的计算误差属于截断误差。

由式（3-48）给出的 $\sigma_{\mathrm{x}}(z)$ 计算式在所取的 m 个振型的范围内可认为是精确的，一般称之为完全二次型组合法（即 CQC 法）。虽然该算法比较精确，但计算起来却十分复杂。在高层建筑风振响应计算中一般是对其作一定的简化，采用平方总和开方法（即 SRSS 法）。根据目前的理论研究，普遍接受的观点是，对于具有一维悬臂梁特征的高层建筑，采用 SRSS 法不会产生太大误差；然而，对于大跨屋盖等空间结构，因频谱密集，若采用 SRSS 法计算将产生不可预料的误差。

（2）基于等效风振力的方法

对于以图 3-23a）为计算模型的高层建筑，因结构简单，按上述方法进行计算尚比较容易。但对于更复杂的结构，往往需要采用离散结构模型，采用有限元法进行计算。此时，在计算出结构的动位移响应后为了计算结构的动内力等，则需要回代到各个单元方程，逐个求解。而这部分计算是无法在目前的有限元法结构分析程序中自动完成的，因而计算十分不便。

为此，在实际计算中，基于 SRSS 方法的计算通常不是采用上述第一种方法进行，而是采用等效惯性力法计算。在结构顺风向风振响应计算中，称之为等效风振力法。这种方法的基本思路是：首先，针对每一振型求出对应的等效风振力；其次，将这些等效风振力作为静力荷载施加于结构上每个有质量的结点处，然后进行静力计算，由此可以同时计算出与此振型对应的位移和内力响应幅值等；待将各振型的响应幅值求出后，便可以采用 SRSS 方法求出结构脉动风响应的总幅值（注：加速度响应除外）。

对于图 3-23a）所示的等截面匀质悬臂梁计算模型，根据等效惯性力法的概念，第 j 振型的等效惯性力（或称为等效风振力）可以表示为如下的线分布力：

$$p_j^{eq}(z) = m\omega_j^2\sigma_{xj} = m\omega_j^2\phi_j(z)\sigma_{qj} \tag{3-49}$$

将 $p_j^{eq}(z)$ 当作静力荷载作用在结构上，进行静力计算，所得到的位移、内力等即为结构第 j 振型的各脉动风响应根方差值。将各振型的脉动风响应根方差值进行"平方—总和—开方"运算，即可求得结构最终的脉动风响应根方差值。

可以证明，这种方法与上述第一种方法所得的结果完全一致。换句话说，用等效风振力法得到的结果在 SRSS 法的意义上是精确的，而不是近似的。事实上，基于等效惯性力的方法本质上就是基于达朗贝尔原理的动力学计算方法，所以在计算原理上是正确的。

3.3.2 横风向等效风荷载规范计算方法

采用平方和开方的方法近似表示横风向等效静力风荷载：

$$p(z) = \sqrt{p_B^2(z) + p_{R1}^2(z)} \tag{3-50}$$

需特别指出的是，从概念上讲，上式以平方和开方的形式对等效静力风荷载的背景分量和共振分量进行组合是不严密的，但通过大量试算发现，当平均风速剖面指数 α 在 0.12～0.30 之间时，以上式计算均匀体型的超高层超建筑的等效静力风荷载，误差不超过 0.5%。

矩形截面高层建筑横风向风振等效风荷载标准值

$$w_{Lk} = w_H g \sqrt{[(2\alpha + 2)(z/H)^{2\alpha}C_L']^2 + \left[\frac{Hm(z)}{M_1^*}\phi_1\sqrt{\frac{\pi\Phi S_{F_L}(f_1)}{4(\zeta_{s1} + \zeta_{a1})}}\right]^2} \tag{3-51}$$

对式（3-51）进行整理，并考虑矩形截面边角修正对横风向脉动风力系数 C_L' 及功率谱密度 $S_{F_L}(f_1)$ 的影响后，就得到规范规定的横风向风振等效风荷载计算公式：

$$w_{Lk} = gw_0\mu_z C_L'\sqrt{1 + R_L^2} \tag{3-52}$$

式中：w_{Lk} ——横风向风振等效风荷载标准值（kN/m²），计算横风向风力时应乘以迎风面的面积。

g ——峰值因子，可取 2.5；

C_L' ——横风向风力系数；

R_L ——横风向共振因子。

横风向风力系数可按下列公式计算：

$$C_L' = (2 + 2\alpha)C_m\gamma_{CM} \tag{3-53}$$

$$\gamma_{CM} = C_R - 0.019\left(\frac{D}{B}\right)^{-2.54} \tag{3-54}$$

式中：C_m ——横风向风力角沿修正系数；

α ——风速剖面指数，对应 A、B、C 和 D 类粗糙度分别取 0.12、0.15、0.22 和 0.30；

C_R ——地面粗糙度系数，对应 A、B、C 和 D 类粗糙度分别取 0.236、0.211、0.202 和 0.197。

横风向共振因子可按下列规定确定：

1. 横风向共振因子 R_L 可按下列公式计算：

$$R_L = K_L \sqrt{\frac{\pi S_{FL} C_{sm} / \gamma_{CM}^2}{4(\zeta_1 + \zeta_{a1})}} \tag{3-55}$$

$$K_L = \frac{1.4}{(\alpha + 0.95)C_m} \cdot \left(\frac{z}{H}\right)^{-2a+0.9} \tag{3-56}$$

$$\zeta_{a1} = \frac{0.0025(1 - T_{L1}^{*2})T_{L1}^* + 0.000125 T_{L1}^{*2}}{(1 - T_{L1}^{*2})^2 + 0.0291 T_{L1}^{*2}} \tag{3-57}$$

$$T_{L1}^* = \frac{v_H T_{L1}}{9.8B} \tag{3-58}$$

式中：S_{FL} ——无量纲横风向广义风力功率谱；

$\quad C_{sm}$ ——横风向风力功率谱的角沿修正系数；

$\quad \zeta_1$ ——结构第 1 阶振型阻尼比；

$\quad K_L$ ——振型修正系数；

$\quad \zeta_{a1}$ ——结构横风向第 1 阶振型气动阻尼比；

$\quad T_{L1}^*$ ——折算周期。

2. 无量纲横风向广义风力功率谱 S_{FL} 等价于无量纲横风向基底弯矩谱，可根据深宽比 D/B 和折算频率 f_{L1}^* 按照式（6-52）确定。折算频率 f_{L1}^* 按下式计算：

$$f_{L1}^* = f_{L1} B / v_H \tag{3-59}$$

式中：f_{L1} ——结构横风向第 1 阶振型的频率。

3. 通过削角或凹角模型的测压风洞试验，分别得到横风向力系数和功率谱的角沿修正系数 C_m 和 C_{sm}：

对于横截面为标准方形或矩形的高层建筑，C_m 和 C_{sm} 取 1.0；

对于削角或凹角矩形截面，横风向力系数的角沿修正因子 C_m 可按下式计算：

$$C_m = \begin{cases} 1.00 - 81.6\left(\dfrac{b}{B}\right)^{1.5} + 301\left(\dfrac{b}{B}\right)^2 - 290\left(\dfrac{b}{B}\right)^{2.5} & 0.05 \leqslant b/B \leqslant 0.2 \quad \text{凹角} \\ 1.00 - 2.05\left(\dfrac{b}{B}\right)^{0.5} + 24\left(\dfrac{b}{B}\right)^{1.5} - 36.8\left(\dfrac{b}{B}\right)^2 & 0.05 \leqslant b/B \leqslant 0.2 \quad \text{削角} \end{cases} \tag{3-60}$$

式中：b ——削角或凹角修正尺寸（m）（图 3-25）。

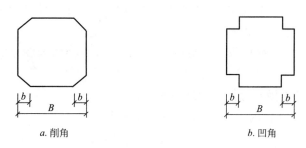

图 3-25　截面削角和凹角示意图

a. 削角　　　　　　　　　　　b. 凹角

对于横风向广义风力功率谱的角沿修正，考虑到不同的频率位置的谱值受影响程度各不一样，因此需要以频率为变量给出系数 C_{sm}。新规范中，对于不同的角沿修正大小，以频率为变量给出了功率谱的修正系数 C_{sm}，见规范附录 H 中的表 H.2.5。

3.3.3　扭转风振等效风荷载计算

1. 扭转风力的产生原因及基本规律

扭转风力是由于建筑各个立面风压的不对称作用产生，与风的紊流及建筑尾流中的漩涡有关。一般认为，对于大多数高层建筑，平均风致扭矩接近 0，可不考虑，但对于有些截面不对称，特别是质心和刚心偏离的结构，扭转风振的影响不可忽略。

风致扭矩谱与顺风向谱相比，有很大不同，随建筑几何尺寸的变化很大，下面介绍风洞试验测量的矩形截面高层建筑扭矩谱的基本规律。

（1）扭矩谱随截面厚宽比变化

如图 3-26 示，风致扭矩谱随厚宽比变化的基本情况为：

当厚宽比小于 1 时，扭矩谱在折算频率等于斯脱罗哈数附近出现窄带谱峰，其主要作用机理为背风面尾流区内出现的规则性旋涡脱落；

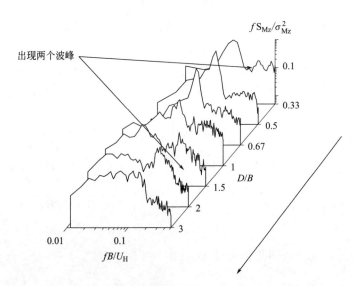

图 3-26　风致扭矩随厚宽比变化情况

当厚宽比大于 1 时，窄带谱峰消失，出现了两个宽带谱峰，分别体现了分离流和重附着流在高层建筑两个侧面的非对称作用；随着厚宽比进一步增大，位于低频段的谱峰带宽增加，而高频段的谱峰带宽减小，两个峰值频率相互接近，说明随着厚宽比增加，侧面的规则性漩涡脱落减弱，而重附着流的作用效果更加显著。

（2）风致扭矩与横风向风力之间存在较强相关性

如图 3-27 示，总体上风致扭矩与横风向风力有较强相关性，而风致扭矩与顺风向风力相关性很小，可忽略不计。当高层建筑出现结构偏心、结构振型分量耦合时，扭矩与横风向风力之间相关性对风振结果起很大影响。

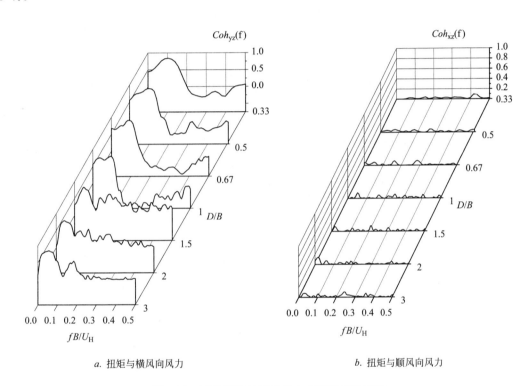

　　　a. 扭矩与横风向风力　　　　　　　　　　b. 扭矩与顺风向风力

图 3-27　风致扭转与侧向风力之间的相干函数

2. 扭转风振计算公式

由于风致扭矩的变化规律比较复杂，很难得到简单的扭矩谱公式。目前国内外有一些研究拟合得到了扭矩谱的经验公式，但还不适合规范应用。

建筑结构荷载规范参考日本 AIJ 建筑荷载规范和 ISO 风荷载标准，给出扭转风振计算公式

$$w_{Tk} = 1.8 g w_0 \mu_H C'_T \left(\frac{z}{H}\right)^{0.9} \sqrt{1 + R_T^2} \qquad (3\text{-}61)$$

式中 μ_H 为建筑顶部 H 位置的高度变化系数；g 为峰值因子，取为 2.5。

C'_T 为风致脉动扭矩系数，按下式计算

$$C'_T = \{0.0066 + 0.015\,(D/B)^2\}^{0.78} \qquad (3\text{-}62)$$

R_T 为扭转共振因子，按下式计算

$$R_T = K_T \sqrt{\frac{\pi F_T}{4\zeta_1}} \qquad (3\text{-}63)$$

式中 K_T 为扭转振型修正系数，按下式计算

$$K_T = \frac{B^2 + D^2}{20r^2}\left(\frac{z}{H}\right)^{-0.1} \qquad (3\text{-}64)$$

式中 r 为截面回转半径。

F_T 为扭矩谱能量因子，按下式计算

$$F_T = \begin{cases} \dfrac{0.14 J_T^2\,(U^*)^{2\beta_T}}{\pi}\,\dfrac{D\,(B^2+D^2)^2}{L^2 B^3} & [U^* \leqslant 4.5 \quad 6 \leqslant U^* \leqslant 10] \\[2ex] F_{4.5}\exp\left[3.5\ln\!\left(\dfrac{F_6}{F_{4.5}}\right)\ln\!\left(\dfrac{U^*}{4.5}\right)\right] & [4.5 < U^* < 6] \end{cases}$$

$$(3\text{-}65)$$

式中 U^* 为顶部折算风速，$U^* = \dfrac{U_H}{f_{T_1}\sqrt{BD}}$ ；$F_{4.5}$、F_6 为当 $U^* = 4.5$、6 时的 F_T 值；L 为 B 和 D 的大值；J_T 和 β_T 分别是随截面厚宽比变化的参数

$$J_T = \begin{cases} \dfrac{-1.1(D/B)+0.97}{(D/B)^2+0.85(D/B)+3.3}+0.17 & [U^* \leqslant 4.5] \\[2ex] \dfrac{0.077(D/B)-0.16}{(D/B)^2-0.96(D/B)+0.42}+\dfrac{0.35}{(D/B)}+0.095 & [6 \leqslant U^* \leqslant 10] \end{cases}$$

$$(3\text{-}66)$$

$$\beta_T = \begin{cases} \dfrac{(D/B)+3.6}{(D/B)^2-5.1(D/B)+9.1}+\dfrac{0.14}{D/B}+0.14 & [U^* \leqslant 4.5] \\[2ex] \dfrac{0.44\,(D/B)^2-0.0064}{(D/B)^4-0.26\,(D/B)^2+0.1}+0.2 & [6 \leqslant U^* \leqslant 10] \end{cases}$$

$$(3\text{-}67)$$

下面总结 w_{Tk} 计算过程。

第一步，计算折算风速 $U^* = \dfrac{\sqrt{1600w_0}\,\mu_z(H)}{f_T\sqrt{BD}}$

第二步，根据 D/B 确定 $J_T\,(D/B,\ U^*)$ 和 $\beta_T\,(D/B,\ U^*)$

当 $U^* \leqslant 4.5$ 时，选择对应区间公式计算 $J_T\,(D/B,\ 4.5)$ 和 $\beta_T\,(D/B,\ 4.5)$；

当 $6 \leqslant U^* \leqslant 10$ 时，选择对应区间公式计算 $J_T\,(D/B,\ 6)$ 和 $\beta_T\,(D/B,\ 6)$；

当 $4.5 < U^* < 6$ 时，计算 $J_T\,(D/B,\ 4.5)$，$\beta_T\,(D/B,\ 4.5)$，$J_T\,(D/B,\ 6)$，$\beta_T\,(D/B,\ 6)$；

第三步，计算 F_T

当 $U^* \leqslant 4.5$ 或 $6 \leqslant U^* \leqslant 10$ 时

$$F_T = \frac{0.14 J_T^2 (U^*)^{2\beta_T}}{\pi} \frac{\dfrac{D}{B}\left(1+\left(\dfrac{D}{B}\right)^2\right)^2}{\max\left[\left(\dfrac{D}{B}\right)^2,1\right]}$$

当 $4.5 < U^* < 6$ 时，分别计算 $U^* = 4.5$ 时的 $F_{4.5}$ 和 $U^* = 6$ 时的 F_6

然后确定：$F_T = F_{4.5} \exp\left[3.5\ln\left(\dfrac{R_6}{F_{4.5}}\right)\ln\left(\dfrac{U^*}{4.5}\right)\right]$

第四步，计算 R_T，计算 w_{Tk}。

上面的计算过程非常复杂，在规范修订中，将上述计算过程绘制成等值线图的形式。F_T 可以根据 D/B 和 $f_{T1}^* = 1/U^*$ 查等值线图得到。

3. 扭转风振计算公式适用条件

判断高层建筑是否需要考虑扭转风振的影响，主要考虑建筑的高度、高宽比、深宽比、结构自振频率、结构刚度与质量的偏心等多种因素。

（1）不需要考虑扭转风振的情况

一般情况下，当迎风宽度 B 小于厚度 D 时，扭转风荷载主要由横风风力的不对称作用产生，此时产生的扭矩较大。当迎风宽度大于厚度时，扭转风荷载主要由于顺风向风压的不对称作用产生，此时扭矩相对较小。因此，新规范在加入扭转风振计算时，缩小了考虑的截面范围，即迎风厚度 D 与迎风宽度 B 之比 $D/B < 1.5$ 时，就不考虑风致扭转作用。另一方面，对高度低于 150m 时或者 $H/\sqrt{BD} < 3$ 或者 $\dfrac{T_{T1} v_H}{\sqrt{BD}} < 0.4$ 时，风致扭转效应不明显，也不考虑扭转风振。

（2）可按照规范公式计算扭转风荷载的情况

截面尺寸和质量沿高度基本相同的矩形截面高层建筑，当其刚度或质量的偏心率（偏心距/回转半径）不大于 0.2，且同时满足 $\dfrac{H}{\sqrt{BD}} \leqslant 6$，$D/B$ 在 1.5~5 范围，$\dfrac{T_{T1} v_H}{\sqrt{BD}} \leqslant 10$ 时，可按荷载规范的附录 H.3 计算扭转风振等效风荷载。

（3）需考虑扭转风振但超过规范公式适用范围的情况

当偏心率大于 0.2 时，高层建筑的弯扭耦合风振效应显著，结构风振响应规律非常复杂，不能采用荷载规范的附录 H.3 给出的方法计算扭转风振等效风荷载。

大量风洞试验结果表明，风致扭矩与横风向风力具有较强相关性，当 $\dfrac{H}{\sqrt{BD}} > 6$ 或 $\dfrac{T_{T1} v_H}{\sqrt{BD}} > 10$ 时，两者的耦合作用易发生不稳定的气动弹性现象。规范给出的公式不适宜计算这类不稳定振动。

对于符合上述情况的高层建筑，规范建议在风洞试验基础上，有针对性地进行研究。

3.3.4 顺风向、横风向与扭转风荷载的组合

1. 顺风向、横风向与扭转风振响应的产生机理

新规范在原有顺风向风振基础上，补充了横风向和扭转风振的计算方法。应当注意，这三个方向的风荷载无论是从作用机理还是作用效果上，都有所区别。首先对顺风向、横风向和扭转方向的风振作区别界定。

所谓顺风向响应指的是与来流方向一致的风致响应；横风向响应指的是垂直于来流方向的响应；扭转响应指的是绕建筑竖向轴旋转的响应。之所以这样划分，并不仅仅是为了方便，更主要是由于这三个方向的风荷载不同，由此产生了不同的运动特征。

结构的顺风向动态响应主要是由于来流中的纵向紊流分量引起的，另外还要加上由于平均风力产生的平均响应。结构的顺风向动态响应计算一般假定脉动风速为平稳高斯过程，并利用准定常假定建立脉动风速与脉动风压之间的关系。从风工程发展的历史来看，顺风向风致响应的研究较横风向和扭转响应研究要早，形成了较完整的计算体系。

横风向响应的机理十分复杂，一般将其划分成三种类型。第一种是尾流激励。它指的是与漩涡脱落有关的横风向激励。这种机理导致的横风向气动力往往有明显的由 Strouhal 数确定的周期性。第二种是来流紊流引起的激励。它主要依赖于建筑的气动特性。第三种是结构横风向运动导致的激励。与这种激励机制有关的有"驰振激励"、"颤振"和"锁定"等。一般认为，高层建筑遭受这几种纯粹的激励的可能性不大，高层建筑的横风向激励实质是上述机制共同作用的结果。由于这些机理，气流在建筑物表面和周围产生复杂的随时空变化的压力分布。由于机理复杂，影响因素众多，需要借助风洞实验方法来研究横风向风效应问题。

扭转响应主要是由于迎风面、背风面和侧面风压分布的不对称所导致的，与风的紊流及建筑尾流中的漩涡有关，但对于不同几何外形的建筑物，主要的影响因素不相同。有文献认为，当矩形建筑物的长宽比 D/B 处在 $1\sim4$ 时，扭矩主要是由涡脱落与流动再附引起横向不对称压力产生，当 $1/4\leqslant D/B<1$ 时，扭矩主要是由顺风向湍流和两侧涡脱落引起，根据长宽比来划分不同影响因素只能针对没有偏心的单体建筑，实际建筑处在复杂周边环境干扰下，建筑物表面风压分布更加复杂，另外气动中心与质心偏离或者结构质心与刚心偏离也会影响扭转响应的大小。

2. 顺风向、横风向与扭转风荷载组合方法

当风作用在结构上时，在三个方向都会产生风振响应，由于产生机理不同，一般说来，这三个方向的最大响应并不是同时发生的。而在单独处理某一个方向（顺风向或横风向或扭转）的风荷载标准值时，是以这个方向的最大风振响应作为目标得到的等效风荷载。因此，若采用规范公式计

算的顺风向、横风向和扭转方向风荷载标准值，然后同时作用在结构上，则过于保守。比较合理的做法是，当在结构上施加某个方向的风荷载标准值时，其他两个方向的荷载分别乘以不同的折减系数，折减系数的大小与三个响应之间的统计相关性有关。

目前国外规范采用风振响应的相关系数来进行折减。新规范参考日本建筑物荷载规范的做法来定义折减系数。其基本思路为，当某个方向上的荷载为主荷载（导致的响应最大）时，其荷载的平均值部分和脉动部分都全部施加到结构上进行组合；但某个方向上的风荷载为次要荷载（导致的响应不是最大的）时，其荷载平均值仍然全部施加到结构上进行组合，但脉动部分需要进行折算，折算系数为 $(\sqrt{2+2\rho}-1)$，其中，ρ 为次要荷载与主荷载的相关性。

这里，以顺风向和横风向的风荷载组合举例：当长细比大于 3 时，在建筑的风致动力响应中共振分量比较显著，这时可以假定响应的概率分布符合正态分布。假定两个方向的基底弯矩响应 M_X 和 M_Y 的联合概率分布服从二维正态分布，则概率等值线图为一条与响应间的相关系数 ρ 有关的椭圆线，如图 3-28 所示。椭圆线上的每一个点都可以看成一种荷载组合。由于椭圆上可以取出很多个点，直接采用这个椭圆进行荷载组合是不实际的。因此，为了简化计算，可以将椭圆的外切八边形的节点作为荷载组合工况，计算当其中一个方向取得极值时另一个方向的取值。例如：当 M_X 取得极值 $M_{X,\max}$ 时，y 方向用于与之组合的基底弯矩 M_{yc} 可以定义为：

$$M_{yc} = \overline{M}_y + m_{y\max}(\sqrt{2+2\rho}-1) \tag{3-68}$$

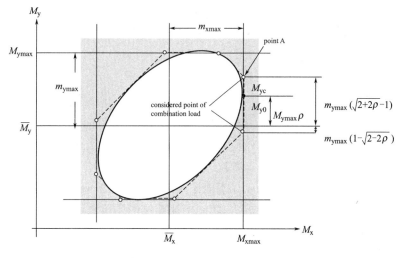

图 3-28　两个方向上风致响应的概率等值线示意图

新规范参考日本建筑物荷载规范思路，以下面的原则确定组合系数。

（1）顺风向与横风向、顺风向与扭转方向的风力的相关性是可以忽略的。因此，$\rho=0$，即响应的相关性也可以忽略。也即，当顺风向荷载为主时，不考虑横风向与扭转方向的风荷载。

（2）当横风向荷载作用为主时，由于横风向和顺风向相关性可忽略，因此，不考虑顺风向荷载的脉动部分，但应将顺风向风荷载的平均值参与组合，简化为在顺风向风荷载标准值前乘以 0.6 的折减系数；对于扭转方向荷载，虽然研究表明，横风向和扭转方向的相关性不可忽略，但影响二者相关性的因素较多，在目前研究尚不成熟情况下，暂不考虑扭转风荷载参与组合。

（3）扭转方向风荷载为主时，不考虑与另外两个方向的风荷载的组合。

3.3.5 大跨屋盖结构的抗风特殊性和规范规定

规范的抗风理论体系采用的是基于随机振动理论的等效风振力法。其基本思路是首先在振型空间用各阶振型对应的等效风振力计算响应分量，然后再对响应进行组合（参见 3.3.1 节的相关内容）。理论上讲，等效风振力法可以应用于多阶振型的情况，但由于各阶振型上的风振力不能直接叠加作为等效静风荷载来使用，因此需要考虑多振型时，不能得到明确的等效荷载计算公式。

荷载规范依照等效风振力法，在只考虑一阶振型的前提下给出了等效荷载的计算公式，并据此计算出风振系数。但对于大跨空间结构而言，往往振型密集、阻尼小，高阶振型不能忽略，因此其等效静风荷载不能按照规范给出的风振系数取值，也很难依照等效风振力法给出具体的计算公式。

而从国外情况看，美国、欧洲等国外规范大多采用阵风荷载因子方法进行计算。其基本思路是：选取关键的响应目标 r，计算其在风荷载作用下的极值 $\hat{r}$ 和平均值 $\overline{r}$，得出阵风荷载因子 G_r，并将平均荷载按此比例放大得出等效静风荷载，即

$$\{P_{\mathrm{eswl}}\} = G_r\{\overline{P}\} = (\hat{r}/\overline{r})\{\overline{P}\} \tag{3-69}$$

容易验证，线性结构体系在 $\{P_{\mathrm{eswl}}\}$ 的作用下，将实现响应目标 r 的等效。但很明显，对于其他响应，$\{P_{\mathrm{eswl}}\}$ 的作用值并不一定等于其极值。换言之，不同响应目标的阵风荷载因子并不一定相等。

阵风荷载因子法只能保证特定的响应等效，而大跨空间结构一般没有明显的具有全局性的控制响应，不能像高层（耸）建筑一样，确定一到两个响应（顶点位移或基底弯矩），就能保证等效静风荷载取值合理、安全。因此，阵风荷载因子法在实际应用中仍存在一定局限性。目前国外规范并未将这一方法明确用于大跨空间结构的风荷载设计，澳洲规范虽然给出了悬挑屋盖的等效荷载计算公式，但该公式也仅考虑了一阶振型，适用范围有限。

以上分析表明，由于大跨屋盖抗风问题的特殊性和复杂性，很难在规范中给出具有普遍意义的简化计算公式。

1. 基于风洞试验的大跨结构抗风设计方法

风洞试验是大跨屋盖抗风设计的重要辅助工具。尤其是近年来，随着试验手段和计算分析条件的不断进步，大跨空间结构的风致响应的计算取得了很大进展，因此很多复杂的大跨屋盖结构都根据风洞试验结果进行结构设计。出于使用上的方便，设计人员往往倾向于风洞试验给出等效静风荷载，以便在设计软件中直接加载。

风洞试验报告中，较为常用的仍然是式（3-69）所描述的阵风荷载因子法。即选定某特定响应（如屋盖的最大位移响应），将该响应的极值与平均值的放大比例作为平均风荷载的放大因子。

这种方法在特定响应平均值接近 0 时，会得出很高的阵风荷载因子，从而给出很不合理的等效荷载分布。因此也可采用基于响应时程的改进方法进行计算。首先采用风振计算的快速算法计算特定目标响应的时程及其准静态部分（即不考虑动力学方程的加速度和速度项，得出的响应值）的时程，再计算等效静风荷载。具体计算过程如下：

（1）计算 T 时间长度内（按中国规范通常取 10 分钟）的目标响应时程和准静态响应时程；

（2）计算该响应对应的动力放大因子；

（3）以最大准静态响应出现的时刻的瞬时风压分布为基础，得出等效静风荷载。

由于这种方法的计算基准是最大准静态响应产生时刻的风压分布，因此物理意义很明确，而且在共振响应不占主导地位时可以有效避免阵风荷载因子过大的问题。

但是，阵风荷载因子法及其改进方法都只能保证选定的单一目标响应等效。前已述及，大跨结构通常没有明显的具有全局性的控制响应，因而需要选择各种目标响应进行计算。

为了使一种等效静风荷载可以满足多个目标等效，有的研究者采用最小二乘法，给出了可以同时满足多个目标响应等效的风荷载。这种方法可较好地解决小型结构多个控制目标等效的问题。但该荷载只是为了得出多个等效目标推算出来的，物理意义并不明确。尤其是该方法得出的风荷载分布有时和真实情况偏离甚远，根据该荷载计算得出的其他响应存在很大不确定性，因此还有待进一步研究。

对于一些较为简单的结构，也可采用基于荷载效应的抗风设计方法进行结构设计，直接用风荷载作用下的荷载效应包络值与其他荷载效应进行组合，避免了寻求等效静风荷载的各种麻烦，在物理概念上也更加清晰明确。但是现在的结构设计软件一般并不提供对荷载效应进行组合的接口，因此在操作上还存在较大不便。

总而言之，尽管目前技术的发展使确定大跨结构的各种风振响应并无实质困难，但要使风洞试验与结构设计更为紧密的结合，仍有很多需要深入研究的问题。

2. 大跨屋盖结构的下压风荷载

大跨屋盖结构的抗风设计实践中，必须引起重视的问题是下压风荷载。由于大跨度屋盖结构的坡度通常都比较小，作用在屋盖上的平均风荷载一般都是负压（作用方向向上）。根据荷载规范中风荷载标准值的计算公式，在平均风压为负的情况下，只能得到负的风荷载标准值。

然而作用在屋盖上的瞬时风荷载受到风压脉动、风振等因素的影响，作用方向可能时上时下。考虑到屋盖的永久荷载、活荷载、雪荷载等荷载作用方向都是向下的，因此作用方向向下的风荷载也应引起设计人员的重视。

规范给出的体型系数表中，对于双面开敞及四面开敞式双坡屋面特别说明，其体型系数在"设计时应考虑 μ_s 值变号的情况"，以便设计人员在屋盖结构设计时考虑下压风荷载的影响。另外本次荷载修订中，在体型系数表中特别注明屋盖结构的体型系数取值时，其绝对值不得小于 0.1，以提醒设计人员注意下压风荷载问题。

3.3.6 超高层建筑空气动力阻尼

从工程分析角度来看，结构和风场之间的耦合将产生空气动力阻尼（简称"气动阻尼"）。气动阻尼和结构阻尼共同作用耗散建筑的振动能量。通过典型超高层建筑的气动弹性模型风洞试验，研究超高层建筑的气动阻尼。

1. 阻尼的识别方法——随机减量技术

随机减量技术的基本思想：对在零平均随机激励作用下的系统响应进行多次采样，使采集到的每一样本具有某种共同的初始条件。对采集到的大量样本进行集合平均，使响应中的零平均随机量及其影响减小为零，得到在初始条件作用下的自由振动响应序列，从此序列中即可方便地识别出系统的频率及阻尼。

在试验数据处理过程中，用随机减量方法对 $7500\sim10000$ 条样本曲线进行了集合平均，图 3-29 给出了其中一条随机减量衰减曲线结果及相应的对数衰减包络线。可以看出，这种方法给出的衰减曲线是比较理想的。

图 3-29 随机减量方法得到的衰减曲线结果

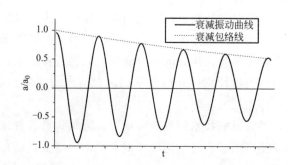

2. 气动阻尼比变化规律分析

利用随机减量技术识别出模型在风场中振动的总阻尼比 ζ，减去模型在无风条件下得到的结构阻尼比 ζ_s，即可得到气动阻尼比：$\zeta_a = \zeta - \zeta_s$。

图 3-30 和图 3-31 分别给出了不同风场下和不同结构阻尼比的模型的横风向及顺风向气动阻尼比随折减风速变化的曲线图。

(1) 气动阻尼随折减风速的变化

从图 3-30 和图 3-31 可以看出，尽管不同结构阻尼比的模型在不同风场中的气动阻尼比随折减风速的变化曲线不同，但它们具有共同的规律性。

横风向 当折减风速为 3 左右时，横风向气动阻尼比是负值，但绝对值很小，对风致振动响应的影响可以忽略。当折减风速增大时，气动阻尼比由负变正，并随风速线性增大。当折减风速增大到 5 左右时，曲线斜率开始变小，进入一个平坦的过渡阶段，一直到折减风速增大到 8 附近。然后，气动阻尼比随风速急剧增大。到折减风速达到 9~10 时，气动阻尼比达到最大正峰值。风速继续增大，气动阻尼比急剧回落，到折减风速达到 10 到 11 之间的某个数值时穿过横轴，变为负值。然后，随着风速的增大，气动阻尼比有增大的趋势，但变化不大了。

顺风向 折减风速小于 6 左右时，顺风向气动阻尼比为负值，但绝对值很小，可以忽略其影响。随着折减风速的增大，顺风向气动阻尼比单调增加。当折减风速为 10 时，顺风向气动阻尼比通常达到 0.5% 左右。

(2) 风场类型对气动阻尼比的影响

横风向 从图 3-30 可以看出，随着风场类别增加，横风向气动阻尼比的变化趋于平缓。A 类风场中的横风向气动阻尼比的正峰值最高，达到了 1.7%，负峰值最低，为 -3.3%。随风场类别的增加，气动阻尼比的正峰值逐渐降低，负峰值逐渐上升，到 D 类风场时，正峰值为 0.9% 左右，负峰值却没有出现。同时，随着风场类别的增加，出现横风向气动阻尼比正负峰值的折减风速也在上升，A 类风场中正峰值出现在折减风速为 9 左右，负峰值在折减风速 11 左右，但 D 类风场中的正峰值在折减风速 10.5 左右，负峰值却在试验风速范围以外。

顺风向 从图 3-30 可以看出，顺风向气动阻尼比随折减风速变化的曲线随风场类别的增加趋于平稳，斜率减小。

(3) 结构阻尼比对气动阻尼比的影响

横风向 随结构阻尼比的增加，建筑的横风向气动阻尼比呈下降趋势，其正负峰值均降低。从图 3-31 可以看出，横风向气动阻尼比的正峰值在结构阻尼比为 2.17% 时，为 0.7% 左右，结构阻尼比为 0.6% 时，增大到 1.5% 左右。负峰值在结构阻尼比为 2.17% 时为 -0.55% 左右，在结构阻尼比为 1.2% 时为增大到 -0.2% 左右，在结构阻尼比为 0.6% 时没有出现负峰值。

　　　　　　顺风向　　结构阻尼比对顺风向气动阻尼比的影响很小，没有明显规律。

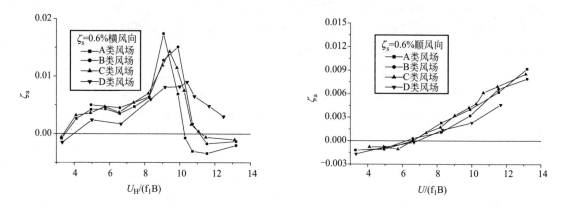

图 3-30　模型在不同风场中的气动阻尼比随折减风速的变化

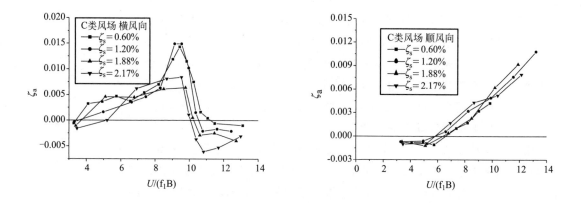

图 3-31　不同结构阻尼比的模型的气动阻尼比随折减风速的变化

第 4 章　风工程研究方法

风工程是涉及气象学、空气动力学、工程力学、结构工程学和防灾工程学等多门学科的交叉学科。土木结构风工程的主要研究内容包括近地风特性、建筑钝体空气动力学和气动弹性力学、结构的风荷载和响应及破坏机理、结构风荷载及响应的控制方法、结构抗风设计方法等。主要涉及的工程对象为大跨空间结构、高层和超高层建筑、高耸结构（电视塔、输电线塔等）、大跨桥梁、大型工业结构（大型起重机和工程施工机械等）、低矮房屋等。研究的主要方法包括现场实测、风洞试验、理论分析和数值模拟。

现场实测，是利用风速仪、加速度计等仪器在现场对实际风环境及结构风致响应进行测量，获得风特性和响应的第一手资料，是风工程研究的一项非常重要的基础性工作。但现场实测对时间和费用以及协作性的要求比较高，目前的实测结果不多。

风洞试验，是在风洞实验室用缩尺手段模拟大气边界层的实际风环境和实际建筑结构，从实验室中模拟的风效应结果考察实际结构的风效应。风洞试验是在人为控制条件下进行的结构风效应再现，其工作效率很高。对于复杂环境下，有复杂外形的建筑结构风效应研究，用其他手段将很难进行时，风洞试验只需对实际条件作适当的简化就可以达到研究目的。风洞试验是目前采用最普遍的研究手段。

理论分析，主要基于风洞试验获得作用在结构上的风荷载，应用随机振动理论，对结构进行响应和受力分析。理论分析方法也是一种广泛应用的研究手段。这种方法一般以现场实测或风洞试验为基础，用现场实测和风洞试验的结果验证其准确性。

数值模拟，即计算风工程，是一种近二十多年才发展起来的数值计算方法。它以流体动力学为基础，依靠先进的电子计算机，用数值方法模拟风与结构相互作用过程。但由于风与结构相互作用的复杂性，CFD 技术暂时还不能提供具有实际应用价值的结果。因此，目前高层建筑的风效应研究主要是理论分析方法和边界层风洞试验。

4.1　近地风特性和结构响应实测

现场实测是结构抗风研究中非常重要的基础性和长期性的方向。人们已在这一方面做了大量工作。基于现场实测，近地风可处理为平均风速和脉动风速的叠加；平均风速沿高度可用对数律或幂函数来描述，而脉动风的主要特征是紊流度、脉动风速自功率谱和互功率谱、紊流尺度等。在初步掌握这些重要特性的基础上，给出了这些特征量的推荐值和推荐公式。

人们还认识到不同机制的强风具有不同的结构。对于土木结构威胁最大的台风、雷暴和龙卷风的平均风剖面和紊流结构均不相同。雷暴在50~100m即可达到最大风速。美国、澳大利亚等用雷达和塔上的风速仪测量过雷暴的特性。在所有类型的强风中，龙卷风是威力最大的一种。人们为测量龙卷风发明了多种专门设备，获得了一些认识。

特殊地形下的风速分布也是近地风特性研究的一个重要方面。特殊地形主要可划分为悬崖（一个斜面）、山脊（二个斜面）、丘陵（多斜面）和山谷。地形的变化将引起风速重分布。相关成果反映在一些国家规范中。

在测量风特性的同时，人们一直重视实测结构的响应。研究人员在Houston 的 Fred Hartman 桥、香港青马大桥和日本明石海峡大桥等桥上进行了长期实测。除了大跨桥梁外，还特别关注高耸结构和高层建筑风致响应的测量。此外，美国 Texas Tech Univ 风工程研究中心专门建造了供长期实测的低矮房屋实尺度模型。现场实测结果是掌握结构风荷载作用机理和结构响应及破坏机理的最为直接的资料，也是修正现有试验方法和理论模型的最为权威的依据。

尽管人们在强风分布及结构响应的实测方面做了很多努力，但是，由于强风分布特性现场实测的费用大、周期长、难度大，人们对近地风特性的认识还远不清楚。目前国际上常用的几种脉动风速功率谱值（Davenport 谱、Kaimal 谱和 Karman 谱等）在某些重要频段内相差很大，甚至以倍计。脉动风速相干函数指数的推荐范围上下限的不同取值可能造成结构响应计算值的成倍差别。此外，人们对特殊地形（包括我国西部地区复杂地形）的强风分布特性的理解也还甚浅。风参数的不确定性是影响结构抗风设计精度最重要的因素。

4.2　风洞试验

风洞模拟实验是风工程研究的重要手段之一。进行风洞模拟实验的基本原理是，按一定的缩尺比在风洞中模拟风对工程结构的作用，对感兴趣的物理量进行测量，最后根据相似准则推知真实条件下的情况。早在19世纪末，人们就已经开始尝试利用建筑的缩尺模型来研究建筑结构在风作用下的受力情况了。但是真实的建筑物是处在大气边界层中的，因而要真实再现风与结构物的相互作用，就必须在风洞中模拟出和自然界大气边界层特性相似的流动。大气边界层风洞就是专门为开展建筑工程抗风建造的风洞。它和其他类型的最大的区别在于有比较长的试验段和边界层发生装置，可以模拟自然界中的空气流动。

4.2.1　风洞试验的基本原理

用几何缩尺模型进行模拟试验，相似律和量纲分析是其理论基础。相似律的基本出发点是，一个物理系统的行为是由它的控制方程和初始条件、边界条件所决定的。对于这些控制方程以及相应的初始条件、边界条件，可以利用量纲分析的方法将它们无量纲化，这样方程中将出现一系列的无量纲参数。如果这些无量纲参数在试验和原型中是相等的，则它们就都有着相同的控制方程和初始条件、边界条件，从而二者的行为将是完全一样的。从试验得到的数据经过恰当的转换就可以运用到实际条件中去。

根据试验目的的不同，建筑结构的风荷载试验可以分为刚性模型试验和气动弹性模型试验两大类。刚性模型试验主要是获取结构的表面风压分布以及受力情况，但试验中不考虑在风的作用下结构物的振动对其荷载造成的影响；弹性模型试验则要求在风洞试验中，模拟出结构物的风致振动等气动弹性效应。这两类试验目的不一样，因此试验中要求满足的相似性参数也有很大区别。气动弹性模型试验在模型制作、测量手段上都比较复杂，难度比较大，在桥梁、高耸细长结构的试验中运用较多。但是对于薄膜、薄壳、柔性大跨结构，它们的气动弹性模拟试验技术还是风工程研究中比较前沿的课题，有待解决的问题还有很多，因而在实际的工程研究中运用比较少。

所谓刚性模型试验，指的是不考虑结构在脉动风作用下发生振动的模拟试验。该类试验主要应考虑满足几何相似、动力相似、来流条件相似等几个主要相似性条件。

几何相似

几何相似条件是要求试验模型和建筑结构在几何外形上完全一致，并且周边影响较大的建筑物也应按实际情况进行模拟。在研究中，通常是根据风洞试验段尺寸以及风洞阻塞度的要求，把建筑结构按一定比例缩小，加工制作成试验模型，以确保几何相似条件得到满足。

动力相似

在诸多的动力相似参数中，比较重要的是雷诺数（Reynolds Number），雷诺数表征了流体惯性力和黏性力的比值，是流动控制方程的一个重要参数。其定义为：

$$Re = UL/v \tag{4-1}$$

式中　U——来流风速；

　　　L——特征长度；

　　　v——空气的运动学黏性系数。

可以看到，由于模型缩尺比通常在百分之一以下的量级，而风洞中的风速和自然风速接近，因此，在通常的风洞模拟试验中，Re 数都要比实际 Re 数低两到三个数量级。Re 数的差别是试验中必须考虑的重要问题。

Re 数是影响建筑结构表面压力分布的重要参数。以二维光滑圆柱为例，其表面压力分布对雷诺数非常敏感。根据雷诺数不同，其流动形态大致可分为三个阶段：亚临界、超临界、高超临界，其基本流动状态如图 4-1 所示。

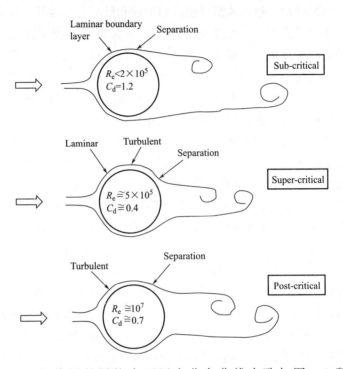

图 4-1　二维光滑圆柱在均匀流中的流动形态

亚临界和超临界的圆柱表面压力分布曲线大致如图 4-2 所示。由图 4-2 可见，在亚临界状态下圆柱表面发生层流分离，最低负压约 -1.0，而背压值也相对较低，因此整体阻力系数较高（约 1.2）；而在超临界状态下，圆柱表面流动形态较为复杂，分离区附近处于层流、湍流转捩状态，最强负压系数在 -2.0 以上，但背压值则减弱至 -0.5 左右，整体效果将使阻力系数降低到 0.4 左右。

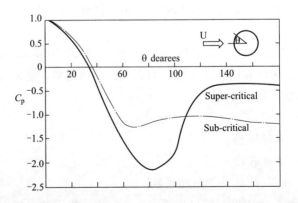

图 4-2　亚临界和超临界状态下圆柱表面压力系数

欧洲规范综合了以往的实验和实测数据结果，给出了二维圆柱表面压力分布的参考曲线，如图 4-3 所示。图 4-2 和图 4-3 说明，圆柱表面的最强负压系数在亚临界状态绝对值较小（约-1.0），在超临界状态则大大增强，可达-2.2；而随着流动状态进入完全湍流状态，最强负压逐渐减弱，在雷诺数达到 10^7 时，最强负压系数约为-1.5，背压系数约-0.5。

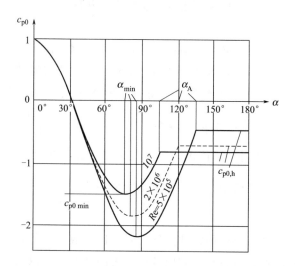

图 4-3　欧洲规范建议的圆柱表面压力系数值

从二维圆柱的例子可以看出，Re 数的影响主要反映在流态（层流还是湍流）和流动分离上。对于表面是连续曲面的结构物（如二维圆柱），Re 数的影响非常明显。在风洞试验时，对于有实测数据可供参考的建筑物，可以通过增加表面粗糙度的办法，降低临界雷诺数，使流动提前进入湍流状态，并保证模型表面压力分布数据和实际条件下一致。而对没有实测数据可供比较的建筑物，则只能根据实践经验对表面粗糙度进行调整，以达到降低临界雷诺数的效果。

对于锐缘建筑物，其分离点是固定的，流动状态受 Re 数的影响比较小。因此，一般的结构风工程试验中，如果模型具有棱角分明的边缘，则通常不考虑 Re 数差别所带来的影响。

来流条件相似

由于真实的建筑物是处在大气边界层中的，因而要真实再现风与结构物的相互作用，就必须在风洞中模拟出和自然界大气边界层特性相似的流动。

对于刚性模型试验来说，来流条件相似主要是要模拟出大气边界层的平均风速剖面和湍流度剖面；而对于气动弹性模型来说，还需要考虑风速谱和积分尺度等大气湍流统计特性的准确模拟。

另外，气动弹性模型实验还应当考虑质量、刚度、阻尼等结构特征的模拟。

1. 质量

对建筑物质量模拟的基本要求是要使结构的惯性力和流体的惯性力具有相同的缩尺比。为使惯性力的相似性得到满足，只要保持结构密度和空气密度的比值在试验和原型中一致就可以了。密度比值的方程可以表示为：$\left(\dfrac{\rho_s}{\rho}\right)_m = \left(\dfrac{\rho_s}{\rho}\right)_p$，其中 ρ_s 和 ρ 分别为建筑物和空气的密度，下标 m 和 p 分别表示模型和原型。由于原型和模型所承受的均是空气作用，因而对质量相似的要求就是要使模型密度和实物密度相同。

2. 刚度

抵抗结构变形的力必须与惯性力具有相同的缩尺比。满足了质量相似准则，则刚度的相似性要求就体现为对结构刚度主要来源的模拟。当抵抗变形的力主要来源于弹性力并且与重力影响无关时，保持模型和原形的 C_a 数一致就构成了刚度模拟的基本要求，即要保证：$\left(\dfrac{E}{\rho v^2}\right)_m = \left(\dfrac{E}{\rho v^2}\right)_p$，这里的 E、ρ、v 分别是杨氏模量、空气密度、特征风速。当模型和实物均受空气作用时，则模型和实物风速比变为：$\dfrac{v_m}{v_p} = \left(\dfrac{E_m}{E_p}\right)^{1/2}$。

3. 阻尼

只要使模型和实物中的特殊振型的阻尼比系数 ζ 相等，即可满足耗散力或阻尼力的相似性。在动态响应具有显著的共振分量以及气动阻尼很小或可忽略的情况下，对于结构阻尼的模拟是非常重要的。

4.2.2　风洞的结构形式和尺寸

边界层风洞的结构形式主要有直流和回流两种；根据试验段是否封闭又可分为开口和闭口；从建筑材料来看又有钢结构、木结构、混凝土结构和混合结构等种类。

直流风洞和回流风洞各有特点，国内外现有的边界层风洞采取两种形式的都有，但比较而言回流风洞更多一些。直流风洞的缺点是进气口和排气口直接和大气相连，因此易受外界大气环境的影响，流场品质的控制上难度较大。有的直流风洞利用室内空气进行循环，在一定程度上克服了这个弱点。另外直流风洞的能量比低，为获得与回流风洞相等的风速将需要更大功率的电动机，因此运行成本比回流风洞更高。而且直流风洞的噪声控制也比回流风洞要复杂。

与直流风洞相比，回流风洞的最大缺点则是气流的温升。由于空气在回流风洞中循环流动，气流与壁面摩擦产生的热量逐渐积累导致温度升高，虽然有的回流风洞采取在导流片中注入冷却水的方法来冷却气流，但改善效果比较有限。常见的回流风洞，当风速达到 50m/s 时，温升最高可达十几度。气流的温升对某些测量系统造成较大干扰，比如热线系统在温升剧烈时无法正常使用，而气动弹性模型实验的应变测量也受到温升影响不能得到准确结果。回流风洞的其他缺点还包括建造成本更高，所需的建设空间更大等。对于风工程研究而言，由于空气在密闭空间运行，因此有关污染扩散的实验也不能在回流风洞中进行。

风洞的尺寸应根据建设的目的进行合理选择。即使同样是用于风工程研究的风洞，其尺寸也有很大区别。一般而言，风洞尺寸大一些，则模型缩尺比可以更大，也更有利于建筑群和地形模拟等方面的实验研究。但另一方面，风洞截面尺寸也并非越大越好。因为风洞尺寸越大，风洞需要配置的电机功率就越大，这将极大增加运营成本。从实验测量的角度，风洞过大也使转盘机构、天平测量系统、光学测量系统的控制难度增加。此外由于风洞模拟的边界层厚度有限，风洞高度太大也没有实际意义。

风洞试验段长度的选择也是需要重点考虑的问题。以往经验表明，完全靠增加试验段长度来获得较厚的湍流边界层不合实际，需要利用尖塔和粗糙元来进行模拟。但若试验段过短，则尖塔形成的尾流未能充分发展，将使模型区的气流含有非自然风特性的大尺度结构，破坏边界层模拟的效果。根据以往研究结果，试验段长度取为风洞高度的 8～12 倍是比较合适的。

4.2.3 风洞试验常用设备

1. 边界层风洞

大气边界层风洞与其他风洞的主要区别是它具有较长的试验段。比较早的专门为模拟大气边界层而设计建造的风洞，可以追溯到 1960～1962 年在美国科罗拉多大学建造的边界层风洞。该风洞和以往风洞最大的不同就在于它具有长达 29.3m 的试验段，以形成风工程试验所需的大气剪切边界层。以后的几十年中，世界各地又陆续建造了一些专门为风工程试验设计的边界层风洞，它们的共同特点是都具有比较长的试验段。在这样的风洞中，气流通过较长的粗糙底壁，将在试验段形成一定厚度的湍流边界层。但是通过粗糙底壁自然形成的湍流边界层和大气边界层相比仍然存在很大差距，尤其是无法满足湍流度以及湍流结构特性方面的相似性。因此，目前绝大多数大气边界层风洞采用上游布置尖塔和粗糙元的被动方法来得到所需要的流场。

图 4-4 为中国建筑科学研究院建筑安全与环境国家重点实验室的照片。该风洞为直流下吹式风洞，全长 96.5m，包含两个试验段。其中高速试验段尺寸 4m 宽、3m 高、22m 长，风速在 2m/s 到 30m/s 连续可调。

实验室外景

风洞外观

测控间

图 4-4 中国建筑科学研究院风洞实验室照片

2. 热线风速仪

热线测量技术是目前湍流研究中广为采用的试验技术。它的基本原理是将温度较高的细金属丝（即热线）置于流场中，利用热交换率与来流速度的对应关系进行速度测量。根据测量原理不同，热线风速仪又可分为恒温式和恒流式两种不同类型。

热线风速仪有成熟的商业化产品，如美国的 TSI、丹麦的 Dantec、日本的 Kanomax 等。不少科研单位也经常自制热线探头用于各种目的的试验研究。

3. 压力测量系统

压力测量系统是风工程试验中最为常用的测量设备。最新的压力测量系统利用模块化设计，每个模块有数十个压力传感器，连接到测量主机。采用以太网将数个测量主机并联，可实现上千点规模的压力测量。数据采样频率也可达到数百赫兹，可以满足脉动风压的测量要求。

市场上主要的商业化产品有美国的 PSI 和 Scanivalve。

4. 激光测振仪

激光测振仪运用多普勒原理，利用反射光与入射光的相位差来测量物体表面沿光路方向的振动速度，通过积分还可以获得位移时程曲线。有的激光测振仪内置了位移解码器，通过对波数进行计数来获得位移值，因此具有更高的位移测量精度。

激光测振仪多用于气动弹性试验，以获得风致响应信息。

5. 高频底座天平

高频底座天平可以测量超高层住宅试验模型的基底力和力矩。在一定的假设条件下，可根据获得的广义力谱反算高层建筑的响应。由于要根据力谱进行分析，因此要求天平的灵敏度和固有频率都应尽量高，以保证天平—模型系统的固有频率换算到原型后远高于建筑物的固有频率，才能保证获得的信息可以用于结构分析。

以往的高频底座天平多为试验室自制。近年来，有商业化的多轴力/力矩传感器，可以满足高层建筑物的高频底座天平试验要求，且精度更高。

4.2.4 风洞的动力控制系统与流场指标

国内外低速风洞的风扇一般采用电动机驱动。直流电动机的特点是控制方便，但结构较为复杂。交流电动机结构简单，可靠性高，而且价格低廉。以往的风洞大多采用直流电机拖动，直流调速技术也比较成熟。交流电机的控制技术工艺复杂，成本较高，以前很少采用。但近年来，交流调速技术有了巨大进步，有取代直流调速的趋势。国内已有一些风洞采用了交流调速装置。所以一般要根据建设目的和技术可行性优选动力系统方案。

就控制系统而言，现场总线是目前国际上最先进的。它实现了控制室与测控现场的一线连接，具有高度灵活性和分散性，同时也节省了安装费用和维护开销。目前国外已经有很多风洞实验室采用了现场总线或工业以太网作为风洞的控制系统，现场总线技术也成为风洞控制系统的发展趋势。

边界层风洞作为风工程研究的重要工具，对流场品质的要求和传统的航空风洞有比较大的差异。这种差异主要表现为风工程实验研究大多数情况下是在模拟大气边界层的条件下进行的，因此风洞是作为大气边界层模拟的基础而存在。换句话讲，边界层风洞对空风洞的流场品质要求比航空风洞要宽松得多，很多在航空风洞中要求比较苛刻的指标在边界层风洞中并不那么重要。

边界层风洞最重要的流场指标是风速范围的选取。对于风荷载、风环境实验而言，风速太低会使信噪比降低，实验精度得不到保证，而且也降低了 Re 数的模拟能力；风速过高又会增加建设成本，而且如果超过风洞测量系统量程，高风速也就失去意义。对于研究污染扩散以及流动显示的风洞实验，根据相关相似准则的要求，风洞风速不能太高，最高风速通常在 10m/s 以下。这也是为什么国际上很多环境风洞设计风速比较低的原因。由于风洞调速系统很难同时保证风扇在低转速和高转速都有比较好的稳定性，因此必须对风洞设计风速作出比较全面的考虑。

边界层风洞对其他的流场指标要求不是很严格。但必须要保证的是空风洞的流场中不含有大尺度的流动结构，否则将使模拟得到的大气边界层含有非自然风特性的成分。据此，用于风工程研究的风洞主要指标可以取为：湍流度＜1％，速度不稳定度＜1％，速度场偏差＜1％，气流偏角 $\Delta\alpha$ ＜0.5°，$\Delta\beta$ ＜0.5°，轴向静压梯度可不作要求，或采用比较宽的指标。

4.2.5　国内外边界层风洞情况

经过几十年的发展，边界层风洞逐渐向自动化、专门化的方向发展。随着计算机技术的突飞猛进，国外现有的边界层风洞都具有了较高的自动化水平，实现了风洞实验的测量、控制、数据处理以及实验监测过程的一体化。

国内早期用于风工程研究的风洞大多数都是由航空风洞改造而来，在很多方面并不能满足专门的建筑群风环境测试要求。从 20 世纪 80 年代开始，陆续兴建了一批边界层风洞，但由于研究目的、资金投入、运营成本方面与国外有差别，在风洞自动化程度上和国外还存在一定的差距。绵阳的"中国空气动力发展与研究中心"（29 基地）作为国内最重要的航空航天风洞研究基地，有专门的研究所从事风洞的设计建造，他们建设的风洞由于在经费投入方面较为宽裕，实验要求也比较高，因此具有比较高的自动化水平，也有专门的风洞测控软件。南京航空大学、北京航空航天大学等单位在风洞的自动化控制方面也开展了一些工作。

在风洞的专门化方面，国内外目前出现了很多针对特殊问题设计的边界层风洞，比较典型的如吹雪风洞用于研究防雪设施（如日本北见工业大学的吹雪风洞）、带水槽的风洞用于研究海洋平台等风—波相互作用、主动控制风洞通过增加反馈系统实现对特殊风条件的模拟。总的来看，目前国内外的边界层风洞设计和建造技术相对已经比较成熟，因此根据建设目的和相关条件确定风洞设计方案是风洞建设最为关键的一环。

国内主要的建筑风洞

国内目前大型边界层风洞主要用于桥梁风工程和建筑风工程研究。建筑群风环境测试主要在用于建筑风工程研究的风洞中开展。目前国内主要的建筑风洞见表 4-1。

<table>
<tr><td colspan="3" align="center">国内的建筑风洞</td><td align="right">表 4-1</td></tr>
<tr><td align="center">单位</td><td align="center">尺寸（$H \times L$）</td><td align="center">最高风速（m/s）</td></tr>
<tr><td align="center">中国建筑科学研究院</td><td align="center">4m×3m</td><td align="center">30</td></tr>
<tr><td align="center">同济大学</td><td align="center">3m×2.5m</td><td align="center">68</td></tr>
<tr><td align="center">长安大学</td><td align="center">3m×2.5m</td><td align="center">55</td></tr>
<tr><td align="center">湖南大学</td><td align="center">3m×2.5m</td><td align="center">60</td></tr>
<tr><td align="center">汕头大学</td><td align="center">3m×2m</td><td align="center">45</td></tr>
<tr><td align="center">北京大学</td><td align="center">3m×2m</td><td align="center">18</td></tr>
<tr><td align="center">浙江大学</td><td align="center">3m×2m</td><td align="center">45</td></tr>
<tr><td align="center">哈尔滨工业大学</td><td align="center">4m×3m</td><td align="center">30</td></tr>
<tr><td align="center">北京交通大学</td><td align="center">3m×2m</td><td align="center">30</td></tr>
<tr><td align="center">浙江大学</td><td align="center">3m×2m</td><td align="center">30</td></tr>
<tr><td align="center">石家庄铁道学院</td><td align="center">4m×3m</td><td align="center">30</td></tr>
</table>

同济大学是国内开展风工程研究实力最雄厚的单位，现拥有边界层风洞三座。用于建筑工程风洞试验的主要是 TJ-1 和 TJ-2 两座边界层风洞。

TJ-1 号风洞为直流闭口式风洞。试验段尺寸为 1.8m 宽、1.8m 高、14m 长。距试验段入口 10.5m 处设有一个转盘，用于改变模型的方位角。试验风速范围从 0.5m/s～30.0m/s 连续可调。流场性能良好，试验区流场的速度不均匀性小于 2%，湍流度小于 1%，平均气流偏角小于 0.2°。

TJ-2 大气边界层风洞试验段尺寸为 3m 宽、2.5m 高、15m 长。空风洞试验风速范围为 0.5m/s～68m/s，风洞配有自动调速、控制与数据采集系统，建筑结构模型试验自动转盘系统。转盘直径为 1.8m，其转轴中心距试验段进口 10.5m。流场性能良好，试验区均匀流场的速度不均匀性小于 1%，湍流度小于 0.46%，平均气流偏角小于 0.5°。

长安大学的 CA-1 号风于 2004 年 6 月建成并投入运营。该风洞是一座钢与混凝土混合式结构的回流、直流两用型边界层风洞。试验段喷口截面为 3m（宽）×2.5m（高），试验段长 15m，空风洞最大风速 55m/s。

该风洞最大的特点是具有一定灵活可变性。在动力段上游第二等截面段侧壁设计了两扇门，当门打开时，回流风洞即变为直流风洞。试验段下游的 5m 扩散段可移动，使得风洞可以选择开口和闭口两种不同形式。这样的结构特点使风洞具有一定的灵活性，可以满足不同实验的需要。风洞的动力段、收缩段、试验段、可移动段、第一截面段和第一扩散段为钢结构，其他部分为钢筋混凝土结构。混凝土设计降低了造价，并可较好控制噪声，缺点是不易进行改造。

湖南大学建造的大气边界层风洞于 2004 年正式投入运营。该风洞全长 53m，宽 18m，为回流双试验段的边界层风洞，其高速试验段长 17m，模型试验区横截面宽 3m、高 2.5m，试验段风速 0～60m/s 连续可调。高速试验段有前后两个转盘，前转盘是均匀来流，可用于进行汽车模型实验，后转盘则用于建筑、桥梁等结构的风工程研究。低速试验段长 15m、模型试验区横截面宽 5.5m、高 4.4m，最大风速 16m/s，可进行全桥模型实验以及地形地貌、建筑环境等方面的研究。

汕头大学的边界层风洞的结构形式为单回流闭口双试验段。其中第一试验段长 20m，截面尺寸 3m×2m，为调节轴向静压梯度，设计了可调顶板，最高风速 45m/s。第二试验段长 7m，截面为 3.5m 的切角正方形，由于该段处于动力段后方，流场品质较差。该风洞为满足不同实验要求，将回流道的一部分设计为可开闭的，这样当侧壁打开时，风洞就变为直流式的，在进行流动显示实验时可以避免污染洞体。

哈尔滨工业大学的边界层风洞的主要特点是，在其大试验段下方有波浪槽，可进行风-波浪联合作用的试验模拟。

这些风洞基本上都采用了回流式的设计，即使个别风洞可以通过装置变为直流形式，但其流场品质则难以保证。回流式的设计在进行包含颗粒物的风环境流动显示试验时，有诸多不便，这是一个最大的问题和难以克服的缺点。

国外的边界层风洞

国外的风工程研究开展较早，相应的研究条件也比较优越。以"国际风工程之父"Cermak 所在的美国科罗拉多州立大学为例，该校的风工程与流体实验室（WEFL）拥有三座风洞－气象风洞（MWT）、环境风洞（EWT）、工业空气动力学风洞（IWT），其主要技术指标参见表 4-2。

科罗拉多州立大学的三座风洞　　　　　　　　　　表 4-2

	MWT	IWT	EWT
试验段长度(m)	29.3	18.3	18.3
试验段截面(宽×高)	1.83×1.83	1.83×1.83(可调)	3.6×2.4(可调)

续表

	MWT	IWT	EWT
功率(kW)	298	56	38
风速范围(m/s)	0.1～40	0～24	0～12
背景湍流度	0.1%	0.5%	1%
备注	直、回流,可控温	回流	直流

气象风洞是一座多用途风洞。该风洞在动力段上游设计了可转动的导流片,把导流片旋转 90°,并将进气口和出气口打开时,该风洞即成为直流风洞。在风洞扩散段下游有热交换装置,以控制风洞内的气流温度。试验段的地板同样有控温装置,以模拟不同条件的大气层结。风洞顶壁可调,以调节轴向静压梯度。

国际风工程著名学者 Davenport 所在的加拿大西安大略大学有两座边界层风洞。一号边界层风洞建于 1965 年,为直流风洞,试验段长 33m,宽 2.4m,高度在 1.5～2.15m 的范围内可调,最高风速 15m/s。二号边界层风洞建于 1984 年,有两个试验段。该风洞最大的特点是在可移动底板下方有一个水槽,可以研究海洋平台和船舶在风和波浪联合作用下的情况。另外,该风洞用于模拟大气边界层的粗糙元可用计算机控制调整高度。

美国艾奥瓦州立大学在 2004 年 10 月建成一座新型边界层风洞。该风洞为回流串列双试验段结构,两个试验段的尺寸分别为 2.44m(宽)×1.83m(高)和 2.44m(宽)×2.21m(高),前一个试验段湍流度较低,用于航空实验;后一试验段则用于风工程研究,最高风速 36m/s。该风洞还可将试验段后方的管道移开,变为 U 形直流风洞。该风洞最大的特点是具有一个计算机控制流量的旁路管道,用以改变试验段的瞬时风速,用以模拟阵风对建筑结构的作用。

新加坡国立大学近年也建成一座直流吸式大气边界层风洞。该风洞试验段长 19m,宽 2.85m,顶板在 1.8～2.3m 范围可调,最高风速 15m/s,风洞入口处设置了消声设备以控制风洞噪声。

日本的边界层风洞数量众多,这些风洞为日本在风工程领域的发展奠定了坚实基础。表 4-3 列出了其中一部分大型边界层风洞的技术指标。

日本大型边界层风洞一览　　　　　　　　表 4-3

单位(年代)	尺寸 (W×H×L)	风速范围(m/s)	湍流度	形式	用途
风工程研究所(1986)	3.1×2.0×16.0	0～22.0	1.5	回流	建筑
佐藤工业(1991)	2.2×1.85×16.8	0.6～31.0	0.7	回流	建筑

续表

单位(年代)	尺寸 ($W \times H \times L$)	风速范围(m/s)	湍流度	形式	用途
日本板硝子(1972)	2.0×2.0×20.0	<20.0	2	直流	建筑
前田建筑工业 (1991)	2.3×2×21.2 4.3×3×8	1～25 0.5～8	<0.5	回流 双试验段	建筑
飞岛建设(1988)	2.6×2.0×17.8	0.6～30.0	0.4	回流	建筑
大林组技术研究所 (1993)	3×3×31.5 2×3×6.6 6×4×12.5	0.1～43.0 0.1～57.0 0.1～15.0	<0.5	回流 三试验段	建筑 桥梁
竹中工务(1993)	3×2×16	1.0～18.0		回流	建筑
鹿岛建设(1992)	2.5×2×18	0.5～40.0		回流	建筑
鹿岛建设(1994)	4.5×2.5×25.6	0.5～30.0	<0.8	回流	建筑
东急建设(1992)	3×2.3×21.2	1.0～40.0	<0.5	回流	建筑
清水建设(1982)	2.6×2.4×15.0	0.1～30.0	<0.2	回流	建筑
三井建设(1992)	2.6×2.0×20.0	0.5～28.0	<0.3	直流	
间组(1991)	2.4×2.0×21.0	0.5～32.0	<0.3	回流	建筑
驹井铁工(1989)	4.0×2.0×20.0	0.5～10.8	<0.9	直流	建筑
石川岛播磨重工业 (1981)	6.0×3.0×24.0	0.5～15.0	<0.5	直流	桥梁
三菱重工 (1990/1973)	6.0×5.0×30.0 10.0×3.0×10.0	1.0～20.0 1.0～28.0	<0.3	U 型 直排式	桥梁
三菱重工(1966)	3.0×2.0×25.0	0.2～15.0	<1.0	直流	大气扩散
三井造船(1978)	2.0×3.0×20.0	0～20.0	<0.1	回流 可开闭	桥梁船舶 建筑
日立造船(1989)	8×3×20 2×3×5	0.3～15.0 0.5～25	<1 <0.4	回流 可替换 试验段	桥梁船舶
住友重工(1985)	2.0×3.0×15.0	0.3～60	<0.3	回流	桥梁船舶
NKK(1974)	2.0×3.0×15.0	0.3～50.0	<0.3	回流	桥梁建筑
NKK(1986)	4.0×2.0×26.5	0.2～23.0	<0.4	直流	桥梁建筑
川田工业(1992)	2.0×2.5×15.0	<50	<0.3	回流	桥梁建筑
本州四国连络桥公司 (1991)	41.0×4.0×30.0	0.5～12.0	<1.0	回流	桥梁地形 模拟
电力中央研究所 (1965)	3.0×1.5×20	0.3～15.0	0.5～10 可变	直流 可调节 温度	建筑 地形环境评价
住宅都市公司	2.8×2.1×17.5	0～30.0		回流	建筑

续表

单位(年代)	尺寸 ($W \times H \times L$)	风速范围(m/s)	湍流度	形式	用途
建筑研究所(1979)	$3 \times 2.5 \times 25$ $2 \times 1.5 \times 3$	$0.5 \sim 24.4$ $2.3 \sim 62.2$	0.14	回流 可替换 试验段	建筑
气象研究所(1978)	$3.0 \times 2.0 \times 18.0$	$0.3 \sim 20.0$	<0.5	直流 温度层结	地形建筑
船舶技术研究所 (1993)	$3.0 \times 2.0 \times 15.0$	$1 \sim 34$		回流 带水槽	船舶海 洋构造物
工业技术院(1980)	$4.4 \times 1.8 \times 25.0$	$0.5 \sim 8.0$	<2	直流式	烟气排放
工业研究院(1980)	$3.0 \times 2.0 \times 20.0$	$0.3 \sim 15$	0.5	回流 温度层结	排烟扩散
农林水产省(1978)	$2 \times 2 \times 9$	$1.0 \sim 25$	1	直流 温度层结	地形模型 植物群落
农林水产省	$4.0 \times 3.0 \times 20.0$	$0.5 \sim 15.0$	0.5	直流	建筑物 地形
环境研究所(1978)	$3.0 \times 2.0 \times 24.0$	$0.2 \sim 10.0$		回流 温度层结	地形街区
立命馆大学(1994)	$2.4 \times 1.8 \times 14$	$0.5 \sim 10$		回流55	桥梁建筑
京都大学防灾研究所 (1981)	$2.5 \times 2.0 \times 21.0$	$0.2 \sim 25$	<0.4	直流	建筑结构 地形
东京大学(1964)	$16 \times 1.9 \times 5.85$	$0.5 \sim 17$	<1	回流	桥梁

4.2.6　几类风洞试验

建筑工程的物理风洞试验根据试验目的不同可分为以下几类：风洞测压试验、高频底座天平试验、气动弹性模型试验、风环境试验、特殊试验。

风洞测压试验

风洞测压试验通过测量缩尺模型在风力作用下的表面风压分布，确定高层建筑表面的平均压力系数、脉动压力系数和极值压力系数，为结构主体设计和围护结构风压取值提供参考依据。

进行测压试验时，首先根据建筑图纸和风洞阻塞度要求，按适当的缩尺比制作风洞刚性试验模型。模型不应太小，便于测压管路布置和较好地再现建筑的细部特征。同时，风洞阻塞度又要低于5%，可保证压力测量数据的准确性。模型材料一般选用PVC或有机玻璃，有一定的刚度，以确保在风力作用下模型不会发生大的变形。

模型表面测点布置需充分考虑建筑物的外形特征，在压力发生突变的位置和对结构设计较为重要的区域需要加密测点。尤其是对于挑蓬、女儿墙等双面受风区域，要在内外表面的对应位置布置两个测点，以获得净风压值。用塑料导管将测压孔与压力传感器相连，这样模型表面的风压即可传递到传感器上。通常为了保证脉动压力的准确，还采取安装阻尼器或频响校正等手段，修正由于导管原因导致的脉动压力信号畸变。

正式试验时，需先在风洞试验段放置尖劈、粗糙元，模拟出需要的大气边界层剖面。之后再将建筑模型置于风洞试验段的转盘上，通过转动转盘改变来流风向角。测量出不同风向角下的表面压力分布后，再经过数据后处理即可得到需要的风压信息。图 4-5 为某典型高层建筑的试验照片。

图 4-5　典型的高层建筑试验照片

高频底座天平试验

高频底座天平试验测量高层建筑模型基底的力和力矩，通过广义力谱推算结构的风振响应，可得出高层建筑的等效静风荷载和顶点加速度等信息。

天平试验有两大优点：一是试验简便易行，模型加工制作相对气弹试验要简单得多；二是试验结果只与建筑结构外形有关，不管结构方案如何调整，只要外形保持不变，就只需要进行一次试验。结合试验结果，对不同的结构方案重新计算风致响应，从而起到优选结构方案的作用。

高频底座天平测力试验使用的模型本身是刚性的，不考虑结构的弹性特征，还需尽量确保其在风力作用下不会发生振动。但它与刚性模型测压试验有明显不同。首先在于测压试验中对模型本身除了外形相似之外没有更多的特殊要求，但高频底座天平试验模型质量应尽量轻、刚度应尽量大，这样可以保证保证模型—天平系统的整体固有频率比较高，测得的力谱可以满足结构分析的需要。其次，测压试验中对大气边界层的模拟要求主要是需要满足平均风速剖面和湍流度剖面的要求。但高频底座天平测力试验中，由于要获得准确的广义力谱，因此对边界层的模拟要求与气动弹性模型试验相仿，需要综合考虑积分尺度、风速谱等要素。

在进行高频底座天平试验的风致响应分析时，有如下基本假设：

1. 仅考虑基阶振型。

2. 假设基阶振型为线性。当振型偏离线性较多时，误差较大，通常需要进行修正。但修正过程需要假设气动力剖面和相关性，因此存在较大的不确定性，尤其是对于存在周边环境干扰的建筑来说，修正过程可能会引入更大误差，在使用中需要非常谨慎。

3. 忽略了流固耦合效应。即认为建筑结构在风作用下的振动，对流场的干扰较小，不足以改变气动力的基本特征。这对大多数高层建筑结构是适用的。

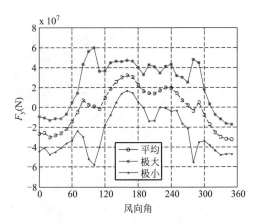

图 4-6　某超高层建筑的高频底座天平试验

由于高频底座天平简便易行，且在结构方案更改后无须重新试验，只要根据测力试验获得的广义力谱重新分析，即可获得不同结构方案下的结构响应，因此在超高层建筑的设计中得以广泛应用。图 4-6 为某超高层建筑的天平测力试验模型，以及基底剪力随风向的变化。从基底剪力的变化中可以明显看到，在 90°和 270°风向附近，平均剪力接近 0，但剪力的极大和极小值都很高，这主要是由于该建筑的横风向振动造成的。

气动弹性模型试验

由于高层建筑可能在涡脱落激励下产生强烈的横风向振动，出现较大位移，这时的流固耦合效应不能忽略，因此往往通过气动弹性试验来研究。

根据满足的相似关系的不同，气动弹性模型试验又可分为三种类型：完全弹性模型、等效模型、节段模型。

1. 完全弹性模型

完全弹性模型在几何尺度上与实物比例完全一样，并且满足反映结构特性的相似参数，使得弹性体的动力特性得以完全实现。这样的模型如果流动条件和几何尺度均得到满足，则可以对风致振动情况进行直接测量，模型测量所得到的无量纲系数可以直接用到与试验条件相对应的原型上。

2. 等效模型

大多数等效模型使用轻质外壳来满足几何相似性，而其内部则用具有一定质量和刚度的材料来模拟结构物的刚度和质量特征。这类模型并不严格满足质量分布的相似准则，但它对于研究屈曲、扭转、轴力占主导地位的结构还是很有效的。

3. 节段模型

节段模型只考察结构的一部分，再从试验结果推算结构整体的风致力，通常用于研究绕流的二维性比较强的建筑结构。由于只研究结构的一部分，因此可以采用缩尺比稍大的模型。典型的几何缩尺比在 1：10 到 1：100 的范围内变化。

高层建筑使用最多的是等效模型。对于高层建筑来说，还有一种特殊的等效模型试验，就是气动弹性天平试验。该类试验将高层建筑的质量作为集中质量考虑，而弹性和阻尼特征则通过安装弹簧和阻尼器进行模拟。由于其外形由刚性框架构成，因此只能做整体的弯曲振动和扭转振动，如图 4-7 所示。

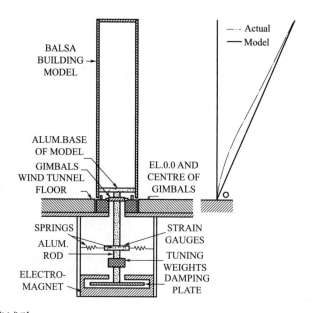

图 4-7　气弹天平原理图

风环境试验

在风洞中进行的风环境试验主要是为了了解风速分布情况和流动图像。因此试验类型主要可分为定量的风速测量和定性的流动显示。

进行风环境定量测量，技术上存在困难。主要有两方面：一是测点和工况组合较多。二是地面流场来流的方向不确定、湍流度极高。传统的风速测量仪器热线探头和皮托管都是单点测量，而且热线探头只能在主流方向较为明确的场合使用，即使可测量风速矢量的三丝热线探头，也要求速度矢量偏离主流方向不能超过一定的角度范围。因此，采用热线探头和皮托管研究地面风场，工作量很大，且往往不能满足设备的应用条件。

目前采用最多的是 Irwin 无方向性地表风速探头。该探头的原理是在有机玻璃柱中心安装一突出表面的钢针。钢针只有下半段与柱接触，而上半段周边是一空腔。钢针高度处的风速大小与钢针和空腔的压力差存在一定量关系，利用预先标定好的速度—压差曲线，即可获得行人高度上的水平方向风速。

风环境研究中常用的流动显示方法有丝线法、烟线法和风蚀法。

丝线法是传统的实验流体力学研究手段，将丝线固定在感兴趣的测量点上，当风吹过时高速曝光拍照，可获得该点的瞬时风向。通过大量的照片分析，可获知该点的平均风向。

烟线法是将涂有石蜡油的金属丝固定在模型前方，当电脉冲通过金属丝时，石蜡油快速挥发，随气流流动，形成流动脉线。将相机闪光灯和脉冲发生器进行同步连接，即可捕捉到流场的瞬时流动图像。与之类似的还有烟流法，即在建筑物前方布置烟流发生器，可连续地拍摄到流场情况。

风蚀法是将微粒均匀铺洒在建筑物模型周边区域，经过一定试验时间后，由于近地面气流的吹蚀，将在模型区域形成类似沙丘的流动图案。吹蚀较严重的区域地面风速较高，而有微粒堆积的地方则多属于静风区域，污染物不易扩散。由此可以获得建筑（群）周边的速度分布情况。在事先对微粒的启动风速进行校准后，通过风蚀法还可获得半定量的风速分布结果。

图 4-8 是某高层建筑群的风环境风速测量结果和丝线流动显示照片。

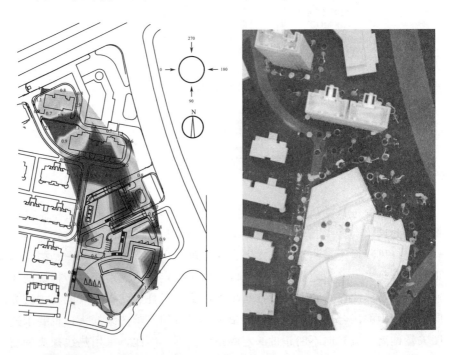

图 4-8　某超高层建筑的地面风场测量与流动显示（270°风向）

特殊试验

包括地形模拟境试验、流动显示试验、污染扩散模拟、积雪飘移试验、风雨共同作用试验、风浪共同作用试验等。

4.2.7 边界层风洞的重要问题

根据以往的风洞建设经验，对于边界层风洞而言还有以下重要问题需引起注意。

a. 风洞两个试验段需分别配置转盘，其中高速段的转盘需采用计算机控制。在风洞试验段上方和侧壁要安装监测系统，以方便实验过程的监控。

b. 目前国内已有一些双试验段的边界层风洞，但根据调研的情况，这些风洞的大试验段普遍达不到设计指标，有的因为流场品质太差以致无法进行实验。因此在设计中，应当对气动设计方案进行综合考量。

c. 国内的回流变直流风洞，一般采用简单的侧壁开门的方法来实现。但这种办法使气流在进出口有一个大的分离，流场品质很难保证。还需考虑的是，把回流变直流的主要目的是进行雪荷载以及流动显示实验，这些实验主要是在高速段进行的，所以变直流后应保证高速试验段为下吹式结构。

d. 目前国内外出现了许多新型的边界层风洞。这些风洞很多都带有探索性质（如阵风风洞），在工程实践中应用还比较少。相对而言，更能体现风洞实验室水平的，还是在于相关测控设备的先进性和数据研究分析的深入程度。

4.3 理论分析

20 世纪 60 年代，现代风工程研究奠基人 A. G. Davenport 教授将概率方法用于风特性研究和结构风响应研究，奠定了结构风工程研究的基础。70 年代，R. H. Scanlan 教授建立了桥梁颤振和抖振研究方法的框架。基于这些奠基性工作，经过五十多年的努力，结构风工程研究理论研究取得了很大进步，同时解决了大量的工程实际问题，推动了科学进步和社会发展。

理论研究是基于结构随机振动理论，在对现象作适当简化的基础上，对结构进行受力分析，获得结构风荷载及其响应。方法主要分为频域分析方法和时域分析方法。从大量实测记录可以看出，风速可以看作两部分的组合：第一部分是长周期部分，称为平均风部分；另一部分是短周期部分，为平均风基础上的脉动，其周期一般在几秒到几十秒之间，称为脉动风部分。因此在研究结构的风致振动问题时，风工程界一致认为风荷载是一类随机荷载，一般把风荷载表示为一个平稳随机过程。根据风荷载的随机性质，按照随机振动理论分析结构响应。

4.3.1 时域分析方法

时域分析方法是一种直接动力方法，通过将随时间变化的风荷载作为计算的输入数据，直接进行运动微分方程求解而得到结构的风振响应。

时程分析法有显式积分和隐式积分两大类，最常用的显式积分法是中心差分法，隐式积分法有 Wilson 法、Newmark 法等。

采用时程分析方法求解结构风振响应时，需进行多个风荷载随机样本分析，然后对计算结果统计分析得到动力响应的均值响应和均方响应，能相对客观地反映强风的规律性。通常误差会逐步积累，计算工作量往往很大。为实现上述非线性动力方程的高精度数值计算，出现了精细积分算法。还有的学者针对上述求解方法提出并行算法，较好地处理了显式与隐式直接积分求解动力响应问题。

与频域分析方法相比，时域法较少受限于频域方法中的各种假设，可以考虑结构中的非线性因素，可以获得比频域法更多的有关可能发生疲劳问题的信息。此外，在缺乏实测或试验资料的情况下，时域法作为较准确的方法可以与频域法进行比较验证。其不足之处在于其分析计算过程较频域法复杂、费时，在计算机不发达的初期，这一缺点限制了它的发展。因此，目前风振分析仍以频域法计算为主。

4.3.2 频域分析方法

目前脉动风响应的频域求解主要是直接基于随机振动理论的模态叠加法。其基本思想是将系统的响应统计量表示成各模态响应统计量的加权和，利用传递函数建立位移响应功率谱与广义风荷载功率谱之间的关系式，从而得到结构的均方响应。

由于模态叠加法是以线性化假定为前提的，在计算过程中结构刚度、阻尼性质保持不变，不能考虑结构的非线性效应，仅限于线性结构的振动问题。但由于将频域方法用于结构风振动力响应分析时概念清晰、计算简便，因此在线性结构风振响应中得到了广泛的应用。

1965 年出现了快速傅里叶变换（FFT），这是一种用计算机计算离散傅立叶变换的方法。该算法主要通过将原始序列划分成许多较短的序列，只需算出这些较短序列的 DFT（离散傅里叶变换），代替计算原始序列的 DFT，然后以蝶形图的方式将这些短的序列组合起来，给出整个序列的 DFT。FFT 算法将原来需要 N 次的运算量降低为 $NlogZN$ 次的运算量，大大减少了计算机的处理时间，而且还能增加精度。它在效率和功能方面的优点，使得频域分析方法在工程上的应用比时域分析方法更为广泛。

4.4 数值模拟

20 世纪 80 年代以来，结构风工程研究除继续采用风洞试验这一传统和主要研究手段外，研究者开始基于空气动力学原理，采用计算流体动力学（Computational Fluid Dynamics，CFD）技术，采用数值模拟方法计算大气边界层（Atmospheric Boundary Layer，ABL）中的钝体绕流，从而形成一门新兴的交叉学科研究方向——计算风工程（Computational Wind Engineering，CWE）。

数值求解问题的基本思想是：把原来在空间与时间坐标上连续的物理量的场（如速度场、压力场），用一系列有限个离散点（称为节点）上的值的集合来代替，通过一定的原则建立起这些离散点上变量之间关系的代数方程（称为离散方程），求解所建立起来的代数方程以获得所求解变量的近似值。

伴随着计算机硬件技术的迅速提升以及数值计算科学的发展，基于计算流体动力学（CFD）和计算结构动力学（Computational Structure Dynamics，CSD）数值计算技术，依托高性能超级计算机平台，综合多种学科优势，应用"数值风洞"技术对处在大气边界层风场环境中的建筑结构绕流流场进行数值模拟，计算结构所承受的风荷载及模拟结构的动力响应已经或正在成为可能。相对于试验研究方法，结构抗风的数值模拟技术具有的优势是明显的。数值模拟较之传统的风洞试验主要有以下优点：①数值模拟费用省、周期短、效率高；②数值模拟可以方便地变化各种参数，以探讨各种参数变化对结构抗风性能的影响，这一点在结构初步设计中极为重要；③基本不受结构尺度和构造的影响，可以尽可能真实地模拟实际结构的构造以及所处的大气边界层风场环境；因为不受模型尺度的影响，因此可以进行全尺度模拟，克服试验中难以满足雷诺数相似的困难；④数值模拟的结果可以利用丰富的可视化工具，提供风洞试验不便或无法提供的绕流流场信息。

工程实践的实际需要促使结构抗风数值模拟技术的应用范围正在不断扩展，借助这一创新而强大的分析工具，从计算结构所承受的风荷载到模拟结构的风致动力响应；从预测建筑街区行人风环境到阐释居住区病毒传播和扩散的机理，计算风工程正呈现出蓬勃发展的势头。随着计算机软硬件技术的迅速提高，这一方法越来越显示出其优势，数值风洞技术已成为结构风工程研究的重要且极具前景的方向之一。

同时，结构风工程领域研究的问题通常是钝体的低速不可压缩流动，建筑结构钝体绕流有其自身的特点：处在大气边界层底部，边界条件复杂；非流线体外形，流速较低而雷诺数很大，绕流是一种复杂的非定常流动，不可避免地伴随着分离、再附、旋涡脱落和尾流等复杂的流动现象，这对借助研究流线体绕流相对成熟的 CFD 技术提出特殊要求。对于柔性结构，在某些情况下还要考虑流固耦合作用即气动弹性效应。而流固耦合问题，特别是在固体结构有变形时，其计算在流体力学中是一个困难的问题。结构风工程领域的数值模拟相比人们以往研究较多的流线体外流场数值模拟问题起步晚，同时由于存在这些困难，数值模拟方法还远没有达到成熟的地步。

　　Murakami 将计算风工程的主要研究内容归结为：（1）人体周围流场分析；（2）空气动力学基础研究；（3）工程结构绕流速度场和压力场计算；（4）结构流固耦合计算；（5）建筑群周围地区和行人风环境计算；（6）城市或区域气候计算；（7）废气污染扩散计算。

　　数值计算方法

　　目前常用的数值计算方法主要包括（1）有限差分法、（2）有限元法、（3）有限体积法和（4）涡方法等。有限体积法保证了离散方程的守恒特性，物理意义明确，同时继承了有限差分法和有限元法的优点，使用最广泛。涡方法的基本思想是将连续分布的涡量场离散成一系列小涡，由些小涡的相互作用计算它们的运动，以模拟流体流动。目前，涡方法在桥梁的气动弹性计中已取得很大成功。

　　网格生成方法

　　网格生成方法主要有结构网格和非结构网格。其中非结构网格是网格生成方法的发展方向。其优点有构造方便、便于生成自适应网格、提高局部计算精度等。

　　湍流模型

　　湍流模型是计算风工程研究的一个重要方面。常用的湍流模主要有：（1）雷诺平均模型（RANS），仅表达大尺度涡的运动。将标准 κ-ε 模型用计算风工程中，预测分离区压力分布不够准确，并过高估计钝体迎风面顶部的湍动能生成。为此，提出了各种修正的 κ-ε 模型（如 RNGκ-ε 模型、Realizableκ-ε 模型、κ-ε 模型等）以及 RSM 模型等二阶矩通用模型。（2）大涡模拟-LES。这一模型将 N-S 方程进行空间过滤而非雷诺平均，可较好地模拟结构上脉动风压的分布，计算量巨大。LES 是近年来计算风工程中最活跃的模型之一。（3）分离涡模拟（DES）。这一新的模拟方法由 Spalart 在 1997 年提出，其基本思想是在流动发生分离的湍流核心区域采用大涡模拟，而在附着的边界层区域采用雷诺平均模型，是 RANS 模型和 LES 模拟的合理综合，计算量相对较小而精度较高。

　　流固耦合问题

　　流固耦合数值模拟是数值计算科学中最具挑战性的问题之一。目前，流固耦合计算一般采用两类方法：强耦合法、分区强耦合或弱耦合法。前一类方法通过改写流体、结构控制方程，使其成为同一种形式，然后对控制方程直接求解。强耦合法的求解较困难：（1）流场网格和结构网格必须一致，难以用于实际工程；（2）不能利用已有的 CFD 和 CSD 软件。后一类方法通过计算流体动力学（CFD）耦合计算结构动力学（CSD）进行合求解，通过中间数据交换平台实现两个物理场的耦合。这类方法较为成熟，计算量相对较小，结果精度较高，适用于风工程数值模拟。分区强耦合法在一个时间步内，CFD 计算和 CSD 同时迭代进行，收敛后再作时间推进，在时间离散方面表现为隐式方法，稳定性较好，但算量相对较大。

分区弱耦合法在一个时间步内，先进行 CFD 计算，后进行 CSD 计算，在时间离散方面表现为显式方法。分区耦合法面临的困难包括动态网格模型、CFD 和 CSD 非匹网格插值等。

4.4.1 行人高度风环境舒适度的评估

在 3.1.3 节中介绍了建筑风环境的舒适性评估准则和评估流程。CFD 数值模拟可以获得不同风向角下关心区域的风速比。以无量纲的风速比为基础，配合风向风速资料计算各级风速发生频率，就可以对高层建筑周边的行人高度风环境进行舒适性评估。图 4-9 为某超高层住宅群"穿堂风"的数值模拟结果。

图 4-9 某超高层住宅群"穿堂风"的数值模拟结果

4.4.2 风致噪声的 CFD 数值模拟

通常大气湍流噪声没有明显的频段，声能在一个宽频段范围内按频率连续分布，这涉及宽频带噪声问题。湍流参数通过雷诺时均 N-S 方程求出，再采用一定的模型计算表面单元或是体积单元的噪声功率值。通常采用 Proudman's 和 Lilley 方程模型进行数值计算。国家环境保护部颁布实施了《中华人民共和国环境噪声污染防治法》，其中规定了城市五类区域的环境噪声最高限值，如表 4-4 所示。

城市 5 类环境噪声标准值　　　　　　　　表 4-4

类别	昼间	夜间
0	50dB	40dB
1	55dB	45dB
2	60dB	50dB
3	65dB	55dB
4	70dB	55dB

根据 CFD 数值模拟结果，再根据国家的相关规定，即可对区域的风致噪声是否满足舒适性要求作出评价。图 4-10 为某超高层建筑群的风致噪声的 CFD 数值模拟结果。

图 4-10　某超高层建筑群的风致噪声的 CFD 数值模拟结果

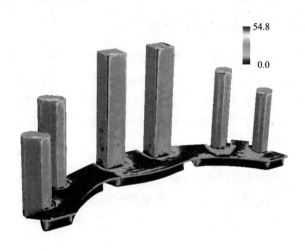

第 5 章　防风减灾及应急反应

5.1　法律法规及工程抗风规范

应对风致建筑结构灾害一般从两个方面着手：一是气象和行政方面制定预防和组织防灾减灾；二是从工程结构领域对建筑结构指标进行规定，提高建筑物在风力作用下的抵抗力，减小其风致响应，相应的标准为住房和城乡建设部标准定额研究所组织制定的相关工程设计规范。

5.1.1　气象法律法规

《国家气象灾害应急预案》

《中华人民共和国气象法》对气象灾害防御、气候资源开发利用和保护等项目作了总体规定。在《气象法》的基础上，结合其他法律法规和规范性文件，为了健全气象灾害应急响应机制，提高气象灾害防范、处置能力，最大限度地减轻或者避免气象灾害造成人员伤亡、财产损失，为经济和社会发展提供保障，《国家气象灾害应急预案》对我国范围内常见的气象灾害作了具体明确的规定。

《预案》8.2 节对台风及大风给出了明确的定义。其中台风是指生成于西北太平洋和南海海域的热带气旋系统，其带来的大风、暴雨等灾害性天气常引发洪涝、风暴潮、滑坡、泥石流等灾害。大风是指平均风力大于 6 级、阵风风力大于 7 级的风，会对农业、交通、水上作业、建筑设施、施工作业等造成危害。

台风和大风天气的防灾及处理需要在灾前、灾中、灾后三个时间过程进行，是一个多部门共同协作的过程。《预案》第四章 4.4.1 节对台风及大风灾害的预防和应对明确规定：

——气象部门加强监测预报，及时发布台风、大风预警信号及相关防御指引，适时加大预报时段密度。

——海洋部门密切关注管辖海域风暴潮和海浪发生发展动态，及时发布预警信息。

——防汛部门根据风灾风险评估结果和预报的风力情况，与地方人民政府共同做好危险地带和防风能力不足的危房内居民的转移，安排其到安全避风场所避风。

——民政部门负责受灾群众的紧急转移安置并提供基本生活救助。

——住房城乡建设部门采取措施，巡查、加固城市公共服务设施，督促有关单位加固门窗、围板、棚架、临时建筑物等，必要时可强行拆除存在安全隐患的露天广告牌等设施。

——交通运输、农业部门督促指导港口、码头加固有关设施，督促所有船舶到安全场所避风，防止船只走锚造成碰撞和搁浅；督促运营单位暂停运营，妥善安置滞留旅客。

——教育部门根据防御指引、提示，通知幼儿园、托儿所、中小学和中等职业学校做好停课准备；避免在突发大风时段上学放学。

——住房城乡建设、交通运输等部门通知高空、水上等户外作业单位作好防风准备，必要时采取停止作业措施，安排人员到安全避风场所避风。

——民航部门做好航空器转场，重要设施设备防护、加固，做好运行计划调整和旅客安抚安置工作。

——电力部门加强电力设施检查和电网运营监控，及时排除危险、排查故障。

——农业部门根据不同风力情况发出预警通知，指导农业生产单位、农户和畜牧水产养殖户采取防风措施，减轻灾害损失；农业、林业部门密切关注大风等高火险天气形势，会同气象部门做好森林草原火险预报预警，指导开展火灾扑救工作。

——各单位加强本责任区内检查，尽量避免或停止露天集体活动；居民委员会、村镇、小区、物业等部门及时通知居民妥善安置易受大风影响的室外物品。

——相关应急处置部门和抢险单位随时准备启动抢险应急方案。

——灾害发生后，民政、防汛、气象等部门按照有关规定进行灾情调查、收集、分析和评估工作。

台风和大风天气的预警分为四级响应。其中Ⅰ级预警为最高预警机制。Ⅳ级预警为最低级别预警。《预案》第 8 章规定了台风预警标准，如下：

Ⅰ级预警　　　预计未来 48 小时将有强台风、超强台风登陆或影响我国沿海。

Ⅱ级预警　　　预计未来 48 小时将有台风登陆或影响我国沿海。

Ⅲ级预警　　　预计未来 48 小时将有强热带风暴登陆或影响我国沿海。

Ⅳ级预警　　　预计未来 48 小时将有热带风暴登陆或影响我国沿海。

《气象灾害预警信号发布与传播办法》及《突发气象灾害预警信号及防御指南》

《气象灾害预警信号发布与传播办法》及《突发气象灾害预警信号及防御指南》中对台风和大风的预警相关级别作了规定。预警信号和对应的含义如表 5-1 所示。

预警信号和对应的含义　　　　　　　　　　　表 5-1

图标	含义
台风蓝 TYPHOON	24 小时内可能受热带低压影响,平均风力可达 6 级以上,或阵风 7 级以上;或者已经受热带低压影响,平均风力为 6~7 级,或阵风 7~8 级并可能持续
台风黄 TYPHOON	24 小时内可能受热带风暴影响,平均风力可达 8 级以上,或阵风 9 级以上;或者已经受热带风暴影响,平均风力为 8~9 级,或阵风 9~10 级并可能持续
台风橙 TYPHOON	12 小时内可能或者已经受热带气旋影响,沿海或者陆地平均风力达 10 级以上,或者阵风 12 级以上并可能持续
台风红 TYPHOON	6 小时内可能或者已经受热带气旋影响,沿海或者陆地平均风力达 12 级以上,或者阵风达 14 级以上并可能持续
大风蓝 GALE	24 小时内可能受大风影响,平均风力可达 6 级以上,或者阵风 7 级以上;或者已经受大风影响,平均风力为 6~7 级,或者阵风 7~8 级并可能持续
大风黄 GALE	12 小时内可能受大风影响,平均风力可达 8 级以上,或者阵风 9 级以上;或者已经受大风影响,平均风力为 8~9 级,或者阵风 9~10 级并可能持续
大风橙 GALE	6 小时内可能受大风影响,平均风力可达 10 级以上,或阵风 11 级以上;或者已经受大风影响,平均风力为 10~11 级,或阵风 11~12 级并可能持续
大风红 GALE	6 小时内可能受大风影响,平均风力可达 12 级以上,或者阵风 13 级以上;或者已经受大风影响,平均风力为 12 级以上,或者阵风 13 级以上并可能持续

针对不同的预警信号应该采用相应的防御方法。

台风

台风预警信号分四级，分别以蓝色、黄色、橙色和红色表示。

（一）台风蓝色预警信号

标准：24 小时内可能或者已经受热带低压影响，沿海或者陆地平均风力达 6 级以上，或者阵风 7～8 级并可能持续。

防御指南：

1. 政府及相关部门按照职责做好防台风准备工作；

2. 停止露天集体活动和高空等户外危险作业；

3. 相关水域水上作业和过往船舶采取积极的应对措施，如回港避风或者绕道航行等；

4. 加固门窗、围板、棚架、广告牌等易被风吹动的搭建物，切断危险的室外电源。

（二）台风黄色预警信号

标准：24 小时内可能或者已经受热带风暴影响，沿海或者陆地平均风力达 8 级以上，或者阵风 9～10 级并可能持续。

防御指南：

1. 政府及相关部门按照职责做好防台风应急准备工作；

2. 停止室内外大型集会和高空等户外危险作业；

3. 相关水域水上作业和过往船舶采取积极的应对措施，加固港口设施，防止船舶走锚、搁浅和碰撞；

4. 加固或者拆除易被风吹动的搭建物，人员切勿随意外出，确保老人小孩留在家中最安全的地方，危房人员及时转移。

（三）台风橙色预警信号

标准：12 小时内可能或者已经受热带气旋影响，沿海或者陆地平均风力达 10 级以上，或者阵风 12 级以上并可能持续。

防御指南：

1. 政府及相关部门按照职责做好防台风抢险应急工作；

2. 停止室内外大型集会、停课、停业（除特殊行业外）；

3. 相关水域水上作业和过往船舶应当回港避风，加固港口设施，防止船舶走锚、搁浅和碰撞；

4. 加固或者拆除易被风吹动的搭建物，人员应当尽可能待在防风安全的地方，当台风中心经过时风力会减小或者静止一段时间，切记强风将会突然吹袭，应当继续留在安全处避风，危房人员及时转移；

5. 相关地区应当注意防范强降水可能引发的山洪、地质灾害。

（四）台风红色预警信号

标准：6 小时内可能或者已经受热带气旋影响，沿海或者陆地平均风力达 12 级以上，或者阵风达 14 级以上并可能持续。

防御指南：

1. 政府及相关部门按照职责做好防台风应急和抢险工作；

2. 停止集会、停课、停业（除特殊行业外）；

3. 回港避风的船舶要视情况采取积极措施，妥善安排人员留守或者转移到安全地带；

4. 加固或者拆除易被风吹动的搭建物，人员应当待在防风安全的地方，当台风中心经过时风力会减小或者静止一段时间，切记强风将会突然吹袭，应当继续留在安全处避风，危房人员及时转移；

5. 相关地区应当注意防范强降水可能引发的山洪、地质灾害。

大风

大风（除台风外）预警信号分四级，分别以蓝色、黄色、橙色、红色表示。

（一）大风蓝色预警信号

标准：24 小时内可能受大风影响，平均风力可达 6 级以上，或者阵风 7 级以上；或者已经受大风影响，平均风力为 6～7 级，或者阵风 7～8 级并可能持续。

防御指南：

1. 政府及相关部门按照职责做好防大风工作；

2. 关好门窗，加固围板、棚架、广告牌等易被风吹动的搭建物，妥善安置易受大风影响的室外物品，遮盖建筑物资；

3. 相关水域水上作业和过往船舶采取积极的应对措施，如回港避风或者绕道航行等；

4. 行人注意尽量少骑自行车，刮风时不要在广告牌、临时搭建物等下面逗留；

5. 有关部门和单位注意森林、草原等防火。

（二）大风黄色预警信号

标准：12 小时内可能受大风影响，平均风力可达 8 级以上，或者阵风 9 级以上；或者已经受大风影响，平均风力为 8～9 级，或者阵风 9～10 级并可能持续。

防御指南：

1. 政府及相关部门按照职责做好防大风工作；

2. 停止露天活动和高空等户外危险作业，危险地带人员和危房居民尽量转到避风场所避风；

3. 相关水域水上作业和过往船舶采取积极的应对措施，加固港口设施，防止船舶走锚、搁浅和碰撞；

4. 切断户外危险电源，妥善安置易受大风影响的室外物品，遮盖建筑物资；

5. 机场、高速公路等单位应当采取保障交通安全的措施，有关部门和单位注意森林、草原等防火。

（三）大风橙色预警信号

标准：6 小时内可能受大风影响，平均风力可达 10 级以上，或者阵风 11 级以上；或者已经受大风影响，平均风力为 10～11 级，或者阵风 11～12 级并可能持续。

防御指南：

1. 政府及相关部门按照职责做好防大风应急工作；

2. 房屋抗风能力较弱的中小学校和单位应当停课、停业，人员减少外出；

3. 相关水域水上作业和过往船舶应当回港避风，加固港口设施，防止船舶走锚、搁浅和碰撞；

4. 切断危险电源，妥善安置易受大风影响的室外物品，遮盖建筑物资；

5. 机场、铁路、高速公路、水上交通等单位应当采取保障交通安全的措施，有关部门和单位注意森林、草原等防火。

（四）大风红色预警信号

标准：6 小时内可能受大风影响，平均风力可达 12 级以上，或者阵风 13 级以上；或者已经受大风影响，平均风力为 12 级以上，或者阵风 13 级以上并可能持续。

防御指南：

1. 政府及相关部门按照职责做好防大风应急和抢险工作；

2. 人员应当尽可能停留在防风安全的地方，不要随意外出；

3. 回港避风的船舶要视情况采取积极措施，妥善安排人员留守或者转移到安全地带；

4. 切断危险电源，妥善安置易受大风影响的室外物品，遮盖建筑物资；

5. 机场、铁路、高速公路、水上交通等单位应当采取保障交通安全的措施，有关部门和单位注意森林、草原等防火。

5.1.2　建筑法律法规

除了防风预警的法律规定外，对在极端天气下提供防护的建筑结构，相关国家标准和行业规范也对其抗风性能作出了明确的规定。

建筑工程抗风的指导性文件是建筑结构荷载规范及其他建筑结构设计规范。常用的涉及工程抗风内容规定的规范如下：

结构位移控制指标	高层混凝土结构设计规范
结构加速度控制指标	高层钢结构设计规范
	绿色建筑评价标准 GB/T　50378-2006
舒适度评价指标	
	绿色建筑评价技术细则

风荷载计算方法　　　　　　　建筑结构荷载规范
　　　　　　　　　　　　　　公路桥梁抗风设计规范

　　风荷载与其他荷载一起作用引起的响应满足相应地要求，用 S 表示计算响应，R 表示控制响应，应满足 $S \leqslant R$ 的要求。根据建筑使用功能及要求，S、R 可以选用不同的物理指标。

　　为了防止建筑结构发生破坏，高层建筑混凝土设计规范针对不同结构高度的位移指标规定见表 5-2。

高层建筑混凝土设计规范对位移指标的规定　　　　　　　表 5-2

结构体系		层间最大位移/层高限制
结构高度不超过 150m	框架	1/550
	框架-剪力墙、框架核心筒、板柱-剪力墙	1/800
	筒中筒	1/1000
	除框架结构外的转换层	1/1000
结构高度不小于 250m		1/500
结构高度位于 150～250m		以 150m 和 250m 限值按高度线性插值

　　为了防止建筑的加速度过大，导致人体感受不舒适，高层混凝土结构设计规范和高层民用钢结构设计规范对加速度的规定见表 5-3。

规范对加速度指标的规定　　　　　　　表 5-3

	使用功能	最大加速度限值（m/s²）
高层混凝土结构设计规范	住宅、公寓	0.15
	办公、旅馆	0.25
高层民用钢结构设计规范	公寓建筑	0.20
	公共建筑	0.28

　　对室内通风要求：绿色建筑评价技术细则 4.5.4 条规定"居住空间能自然通风，通风开口面积在夏热冬暖和夏热冬冷地区不小于该房间地板面积的 8％，在其他地区不小于 5％"；5.1.7 条规定："建筑物周围人行区风速低于 5m/s，不影响室外活动的舒适性和建筑通风。"

　　《建筑结构荷载规范》对风荷载标准值的计算方法的规定，在本书3.2 节中作了详细阐述。除了建筑规范以外，针对桥梁，也制定了《公路桥梁抗风设计规范》JTG-TD 60-01-2004。

　　不同国家都针对当地的具体情况对其在风作用下的建筑设计作出了明确的要求，但由于各地发展水平差异，不同国家和地区的具体条文也有所不同。其中欧洲规范、日本规范及澳大利亚规范较为详细。

5.2　城市建筑及构筑物的抗风减灾

城市建筑物抗风减灾主要解决两个大问题。一是在弄清楚风力的产生机理基础上，预测强风下建筑物所承受的风力，使工程师在建筑设计时预先将风力的影响考虑进去，以保证建筑物在建成时已经具备抵抗灾害的能力。二是如果在风作用下建筑的振动确实超出允许范围，怎么办？一般采取的措施主要有两类：1. 改变建筑外形，从而改善风的绕流性能（称为气动措施）；2. 设计附加设备（附加阻尼器），增加结构耗能能力，减小结构振动。

5.2.1　高层建筑结构抗风

当气流通过障碍物时，流动方向会发生变化（图 5-1a），从而引起气流压力也发生变化（图 5-1b）。由于实际建筑物为三维空间物体，若将各个立面的压力进行集成，可得到三个正交方向的风力。从理论上来讲，三个正交方向可任意选择，但在实际抗风设计中，通常将按照风吹来的方向进行投影：与风向一致的方向为顺风向（P_X）；垂直于风向的为横风向（P_Y）；与横风向和顺风向正交的方向为扭转方向（M）（图 5-1c）。之所以这样划分，并不仅仅是为了方便，更主要是由于这个方向风力的产生机理不相同。顺风向动态风力主要是由于来流中的纵向紊流分量引起的。横风向风力主要由气流绕过建筑断面后所产生的旋涡产生。扭转方向的扭矩是由于建筑物各立面压力的不对称分布所导致的，它综合了风的紊流及脱落的旋涡的影响。

实际的高层建筑很少是孤立的，周边其他建筑物对风力的影响很大。周边建筑的存在而引起的群体效应是高层建筑结构抗风设计中应当引起重视的问题。图 5-2 和图 5-3 分别给出了孤立单体建筑各个立面的平均风压系数以及上游有一个干扰建筑情况下的风压场。对比两幅图可以发现，当附近有另一个建筑时，风荷载变得复杂起来。风场流线及建筑物周围的压

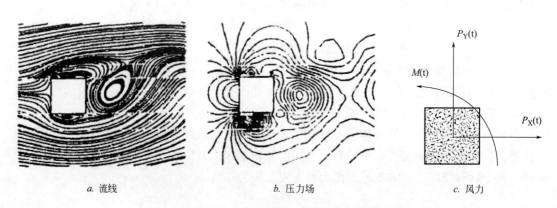

a. 流线　　　　　　　　b. 压力场　　　　　　　　c. 风力

图 5-1　气流通过二维正方形时的流线、压力场和风力

力分布有了较大的改变。

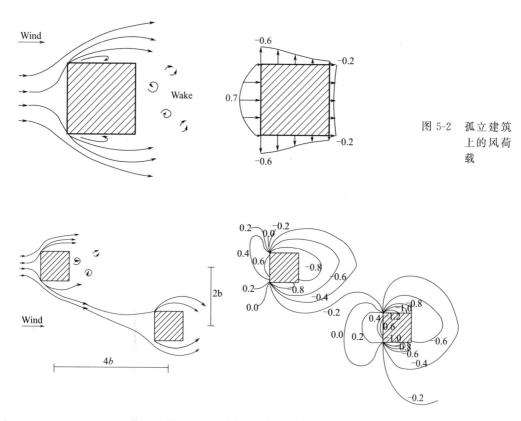

图 5-2 孤立建筑上的风荷载

图 5-3 相邻建筑上的风荷载

　　为减小高层建筑结构在风力作用下产生的过大风振响应，有时不得不在高层建筑上设置附加设备，以降低高层建筑振动幅度。比较经济实用的附加减振设备为调谐被动质量阻尼器（TMD，Tuned Mass Damper），之所以叫"调谐"，是由于这种设备主要吸收结构在某一阶固有频率处的振动（谐振）能量；之所以叫"被动"，是因为它不需要再加入任何动力设备，高层建筑在风作用下发生运动时，阻尼器的质量块"被动"随之运动以消耗主结构（高层建筑）运动能量。与"被动"相对应，还有另外一种主动质量阻尼器（ATMD，Active TMD），它需要人为设置主动马达驱动阻尼器质量块按照一定的规律运动。与主动质量阻尼器相比，被动质量阻尼器更为经济简单，应用更为广泛。图 5-4 给出了两种质量阻尼器的原理图。除设置附加阻尼器外，在建筑外观设计允许情况下修正高层建筑横截面可达到减小结构风振的目的。图 5-5 给出了方形截面六种不同的角沿修正（凹角或削角），这些柱体的风洞试验表明，在角沿设置的凹角或削角在不同程度上都能减小横风向风力。在应用于实际情况时，尺寸为宽度的10%的削角和凹角的效果最为理想。

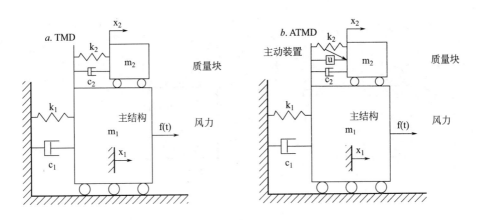

图 5-4　TMD 与 ATMD 原理比较图

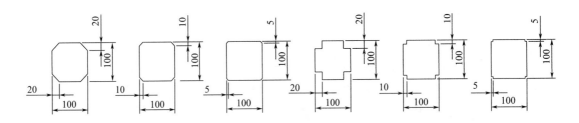

图 5-5　方形截面的角沿修正

5.2.2　大跨屋盖结构抗风

从空气绕流特征来看，大跨度空间结构处于靠近地面的高紊流区内，流场十分复杂。而且实际大跨度空间结构的形式各异，不同结构的风压分布一般都不会一样，这就加大了大跨度空间结构抗风研究的难度。图 5-6 给出了两个大跨度空间结构的风压分布图。从图中可看出，由于外形上的差异，两个工程的风压分布并不一样。

从结构特点来看，根据大跨度屋盖结构的刚度大小又可分为刚性屋盖结构、非大变形柔性屋盖结构、大变形柔性屋盖结构三类。对于刚性屋盖结构，计算其风振响应时认为能忽略风振的动力放大效应（共振响应），可把风对结构的作用视为一个近似的静力过程（准静态）来分析；对于非大变形柔性屋盖结构，由于振动幅度小，结构和来流之间的耦合作用可以忽略，但风振引起的动力放大不能忽略；对于大变形柔性屋盖结构，振动幅度比较大，所以必须考虑结构和来流之间的耦合作用。

在各种大跨度屋盖结构中，特别需要一提的是大跨度膜结构。膜结构是典型的大变形柔性大跨度结构（图 5-7 和图 5-8 为两个有代表性的膜结构）。它以建筑织物——膜作为覆面材料和受力构件的一种大跨度结构形式。通过高强度、柔性的薄膜材料与支撑体系的结合，形成具有一定刚度的稳定曲面来承受外荷载，在大跨度空间结构中得到日益广泛应用和蓬勃发展。膜结构抗风研究的主要难点有绕流复杂、结构刚度随外形变化而显著变化（几何非线性明显）、结构变形与气流相互影响（气动弹性效应不可忽略）。鉴于膜结构风致振动的特殊性，一些针对高层建筑和桥梁结构的分析方法在这一问题的研究中受到限制，目前国内外这一领域的研究尚处于探索阶段。

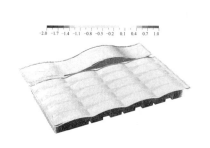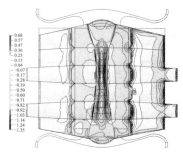

图 5-6　两个大跨度屋盖结构的平均风压系数

图 5-7　丹佛国际新机场

图 5-8　伦敦千年顶

5.2.3　围护结构抗风

与主体结构相比，围护结构的重量轻，刚度小，因而属于对风敏感的结构。从过去发生的事故中也可以看出，绝大多数围护结构在强风中遭受的破坏都是由局部的极值吸力引起的。当来流从某些特定方向直接吹向结构时，很容易在结构的墙面形成较大较强的锥形涡，从而对墙面的某些部位产生较大的吸力。其形成过程如图 5-9 示。

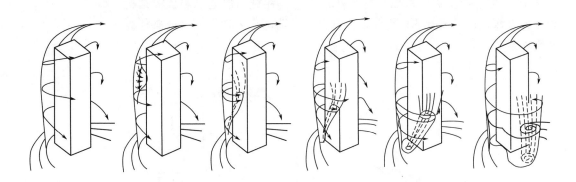

图 5-9　高层建筑表面锥形涡的形成过程

在围护结构的抗风设计中，往往采用局部的极值风压作为围护结构的设计风荷载。目前，极值风压的计算方法主要是通过现场实测或风洞试验得到结构的风压时程，然后通过统计分析得到相应的极值风压。一般说来，对于相同的风压时程采用不同的统计函数分析得到的极值风压是不同的。而且，在结构不同位置的风的流动状态是不一样的（图 5-10），导致任意时刻的风压值大小不一，如何选择适当的统计函数并综合不同位置的风压情况给出合理的极值风压成为围护结构抗风设计的难点。

此外，围护结构的组成材料（例如玻璃）的应力在很大程度上依赖于荷载的持续时间，因此选择合理的局部极值风压统计时间成为关键所在。此外，由于目前围护结构形式的多样化，围护结构表面具有不同的粗糙度，同时，结构表面凸出的阳台也改变了结构的表面特征，即改变了结构的外形，从而也影响到结构表面风压的分布。由于上述难点，尽管许多学者对围护结构设计风压做了大量的研究，得到许多有意义的结论，但还有很多问题需要进一步完善和深入。

图 5-10　某一时刻方柱在不同高度位置的涡流情况

5.2.4　构筑物及广告牌抗风

在城市中，灯架和广告牌随处可见。从结构抗风角度来看，灯架属于细长型结构，它的横截面一般为圆形（有利于减小风力的作用）。气流经过圆形截面后会产生规则脱落的旋涡（图 5-11），工程师设计灯架时都会刻意避免旋涡脱落的频率与结构固有频率相等，因为这样会发生振幅较大的共振，这种由脱落旋涡激起的共振现象叫做涡激共振。在某些情况下，改变灯架的固有频率可能比较困难，此时可以在灯架上稍作改变，以打乱或者削弱规则的旋涡，比较常用的措施见图 5-12。图 5-12a 在圆柱上设置了螺纹，其目的在于削弱不同高度的旋涡的同步性，使旋涡作用效果减弱，不足以激起灯架较大振动。图 5-12b）是将圆形截面改成扁长形，这样使得气流经过截面后不能再形成如图所示的规则旋涡了。图 5-12c 在圆形截面上添加柔性飘带，打乱了规则脱落的旋涡，效果与图 5-12b 类似。

广告牌的受风面积一般都很大，在风作用下，广告牌不仅受到水平力的作用，还有很明显的扭转作用。因此，工程师在进行广告牌的抗风设计时，需要综合考虑广告牌各个面的风压值，然后给出合理的水平推力和扭矩设计值。另外由于扭矩作用较为显著，有时广告牌最大受力方向不一定是风垂直广告牌的方向。所以工程师经常要对比多个方向风力的作用大小，以保证设计出来的广告牌能够抵抗可能受到的最大风力。

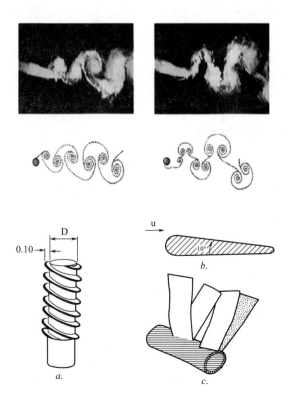

图 5-11　圆形截面的旋涡脱落现象

图 5-12　控制涡激振动的措施

5.3 村镇民居的抗风减灾技术

5.3.1 地形及村镇选址

在我国，通常人们把高度在 15～20m 的 1～3 层的各类建筑物称为低矮房屋，绝大多数低矮房屋集中分布在村镇地区。

以前人们关注的是高层建筑物、大跨度桥梁和大跨度屋面结构这些风敏感结构，但在历次风灾中，低矮房屋往往是遭受最多的损失破坏的，尤其是在 1974 年澳大利亚的达尔文港因飓风"Tracy"袭击遭到了超过 5 亿美元的损失，其中多数是低层建筑物的毁坏。自那以后，低层房屋的风荷载问题引起了工程师和研究人员极大关注。

低矮房屋所处的地形地貌千差万别，导致不同低矮房屋周围风的流动差别较大，这给抗风研究带来很大困难。同时也说明，研究地形地貌对风流动的影响十分必要，因为在特定地形情况下，某些区域内的风速流动可能导致房屋结构受到不利的风荷载。遗憾的是，几乎没有专门针对村镇低矮房屋进行的地形地势研究，少量的地形风洞试验主要为山区桥梁选址服务。

但经验告诉我们，当风从较大的断面流向小断面时，风速会显著增加，在小断面处会形成"风口"。因此，山区村镇的修建位置最好不要放在山谷谷口。此外在我国西北地区，沙暴是比较常见的灾害性气候，民居建造位置应尽量避免沙暴频发区，而且不宜将民居布置在豁口地带。对于海滨的村镇居民来说，最常遇到的灾害性风气候是台风天气。因此，除房屋的结构及构造上进行必要的处理外，村镇民居所在位置尽量远离海岸，以防次生灾害（例如海啸）的发生。

5.3.2 民居抗风的基本知识

从房屋构造上进行改进往往是改善低矮房屋的抗风水平的最有效手段。下面从房屋构造角度简要介绍民居抗风设计的几个措施。

一般认为，可以将平屋面的边缘由直角改为斜角，这样可以大大减小屋面的局部面积平均吸力，例如将屋檐改为 30°斜角时，屋面角部构件的平均风力可减小达 70%，而整个屋面的风力可减小 30% 以上。

此外在平屋顶上设置女儿墙对于减小迎风屋面边缘和角部的局部风吸力非常有效。根据风洞试验，在斜风向作用下，屋面角上的最大吸力随着女儿墙高度的增加而单调递减。但是，屋面某些部位的面积平均风压，反而会因女儿墙的设置而增大。

在遭遇强风时屋面覆盖材料（如屋面瓦、保温隔热层等）脱落和损坏虽然只是一个局部问题，但在很多情况下可以导致整个屋盖系统的破坏。风流经屋面所产生的吸力是引起屋面铺盖移位和脱落的主要原因。
人们在试验中发现，屋面铺设物下留下间隔高度对铺设物的表面风压有
明显的影响，即使留出的间隔高度很小也能大大降低铺设物表面的
吸力。

在低层房屋中，大量的居住建筑通常是呈规则和不规则状地成片布
置，而且由于高度比较低，建筑物相互之间的气流干扰是不容忽视的，因
而村镇民居群的布局对民居的抗风能力也有很大影响。图 5-13 是对村镇
民居的风洞试验。从试验结果来看，周围建筑物的布置对于建筑物表面压
力分布的影响非常显著。当街道峡谷的宽度比较小的时候，建筑物表面风
压力会降低很多；在相同的街道宽度的情况下，若是有较高的其他建筑，
屋面吸力也会有显著减小。当建筑物间距 B 与高度 H 的比值等于 0.5 时，
风力比单体建筑物的试验结果减小了 80%。

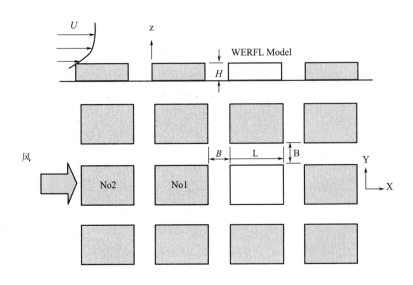

图 5-13 低 层 房
屋 建 筑
群 试 验
模 型 布
置图

5.3.3 风灾的预报及预警

在风灾预报历史上，有一件著名的误报事件。1987 年 10 月 15 日，一
场 285 年来最强的风暴席卷了英国，而这次非同寻常的天气却被英国气象
部的预报中心漏报了，它预计这场 10 级大风将在英国东面 130km 处进入
北海，却不料暴风正好横扫英国南部，给英国南部造成了极大的损件。这
件事在一定程度上说明了风灾预报的重要性。

台风是我国波及面积最广、破坏最大的风灾。每年台风来临的时
候，上有卫星严密监视，下有地面加紧观测，预报的准确度往往反映了
当今气象预报的最高水准。但实际上台风预报的准确性是很难把握的，
因为它与天气系统的混沌特性相关。一方面在这种系统中"蝴蝶效应"
大行其道，对极微小的影响都将极为敏感。另一方面，目前台风预报需
要依靠两种手段：客观预报和主观预报。数值预报是客观预报的主要

手段，也就是在高性能计算机上用数值模拟天气变化然后作出预报，是主观预报的基础。由于所模拟对象具有"蝴蝶效应"，只要多一点点或少一点点信息，计算机就会给出截然不同的预报。尽管如此，我国目前对台风的预报准确率仍接近世界最高水平，已达到"48h的路径预报误差为200km至300km，24h的路径预报误差为100km至200km"。

秋末冬初、冬末春初，影响我国的主要天气现象之一是寒潮风。所谓寒潮风，是指大规模寒冷空气由亚洲大陆西部、西北部或北部侵袭我国时，在其前锋经过之处，引起剧烈的降温和大风。每年我国寒潮风在时间和区域分布上存在一定规律，寒潮风的预报相对比较准确。

龙卷风是典型的区域性短时灾害风气候，它极具破坏性。但要像预报台风、寒潮风那样，提前数小时甚至提前几天来预报龙卷风几乎不可能。即使是美国这样的龙卷风预警先进国家，龙卷风的预警时间也只有10min。因为龙卷风雹云团是稍纵即逝的，常规气象雷达一般一小时预报一次，很有可能龙卷风在雷达扫描的间隔里发生、发展、消失了。我国各地气象台用于预报天气情况的设备就是常规气象雷达。另外，气象卫星对于龙卷风也无能为力。只有专业化的预警通报系统的建立才能把灾害减小到最小范围。目前，国际上广泛使用的多普勒雷达，可以测定风速、风害，为龙卷风的预报及减灾提供科学的手段。在美国，已经建立了由100多部多普勒雷达构成的雷达网，密切关注美国各地的强对流天气，特别是对龙卷风进行预报以防灾。而我国的北京、上海、厦门、福州等地已经建成了多普勒雷达观测站，最终将在全国建成由100多部多普勒雷达构成的雷达观测网。

一般风力达到8级以上、风速大于17m/s时，称为大风。大风可摧毁建筑物、大树等，造成人员伤亡和财产损失，即通常所说的风灾。因此，当我们获悉大风警报以后，就要事先做好预防工作。如果已经身陷大风中，要果断地采取保护性措施。

1. 大风警报以后，外出的人应尽快回家，船舶应及早驶入港湾。住在湖滨、海边等地域的居民，居于木屋、危房、草棚的住户，住所紧靠高压线的人家都应在大风到来之前迁移到安全的地方。

2. 大风即将临近之时，必须修改外出的日程。暂不去旷野或沙漠地带办事，不去离家较远的地方访亲会友，不到江河湖海等水域游泳，更不去高山峻岭旅游观光。

3. 大风袭来可能会造成停电、断水及交通中断等情况，为有备无患，各家应适量储存一些米面、菜蔬、饮用水及蜡烛等。

4. 大风突然袭来时，如果人在室内，应采取紧急防风措施。

（1）快速关闭窗户，拉下窗帘，人不能站在窗口边，以免强风席卷沙石击破玻璃伤人。必要时，还要准备好毯子、浴巾或床板，以防玻璃破碎后用来挡风遮雨。

（2）住在高楼的人们更要做好预防风灾的准备。当大风经过高层建筑时，风力场会产生偏移和振动，造成大楼主体结构开裂。大风吹过楼后，会在其后形成涡流区，在地面造成强大的旋风，会把人刮倒致死。此时此刻留在楼里最安全。

5. 如果大风已经来临，人们尚在室外，应加倍小心，视情形采取不同的防风措施。

（1）如果正在城区或集镇的街道上，为防止两边楼上的东西被吹落下来。应尽快躲入商店或住户暂避一时，待风势减弱后，再赶往目的地。

（2）在巷口拐弯处，由于风速和风向的突然改变，往往会形成巨大的串风，这时要谨防被串风吹来的杂物砸伤。

（3）如果风势特狂，不能把面积大而牢固程度低的建筑设施当作避风场所。如巨大的广告牌、建筑工地上尚未完工的山墙或者尚未拆完的断垣残壁及危旧房屋等。树冠枝叶茂盛的高大树木，也具有同样的危险，也应注意避开。

（4）如果正在荒郊野外，前无村，后无店，又一时赶不到目的地，当风势太凶猛、步行已经身不由己时，千万别在风里跑动，也不要骑自行车。顶风行会因风压大、泥沙多而造成迷眼、呛气、被碰撞，甚至发生面部神经麻痹等。顺风行人会被风力推着跑，想停停不了，易失去控制。这时应该扣好衣服，扎好裤腰带，弯着腰一步一步地脚踏实地或推车慢慢前进。

（5）河堤、湖岸边的公路，因遮蔽少、风力集中，刮大风时，人和汽车极易被风吹入水中。这时应尽快躲到远离水面的堤岸一侧，或原地卧倒，或停车暂避在驾驶室里。

5.3.4 政府风灾应急体系

突发性和不可抗拒性是灾害性风气候的最大特点，除了努力提高探测手段和预警能力外，建立快速畅通的信息渠道也非常重要，这样能让信息及时向社会辐射，让人们在第一时间收到警告。这就要求各地政府成立高效的风灾应急体系，最大程度减小风灾造成的损失。

一般来说，应急体系应当以当地气象局为中心，加强气象在"测、报、防、抗、救、援"应急防灾体系中的首要环节作用。同时要联合水务、民政、房地、物业管理企业等多部门形成共用的防灾信息平台及救援联动平台。与交通和建设部门合作建立公共场所灾害性风气候的应急信息发布系统，例如电子显示屏、移动电视、楼宇电视等。此外，应该探索建设多灾种综合、多机构联合、分阶段一体化响应的早期预警系统，以提高风灾防护的有效性。

另外，在应急管理中必须充分发挥"草根文化"作用，强化以基层为主体"自下而上"的气象应急管理机制，与政府主导的"自上而下"的应急管理机制相互促进，以加强风灾应急体系的实施力度，建立预报预警产品制作、信息发布、社区救助的联动机制。在条件允许前提下，在加强社区、农村、学校、企业等基层应急管理单元防灾知识宣传的同时进行适当的风灾防护演练。

第6章 工程实例

6.1 大跨空间结构——武汉站

6.1.1 工程概况

武汉火车站位于武汉市东部的杨春湖畔，是国家快速铁路网中京广（北京至广州）客运专线上的控制性工程，总建筑面积达35万多平方米。车站系一座3层建筑，外形酷似一只展翅飞翔的黄鹤。车站整体造型凸现两大含义——中部崛起和九省通衢。50m高的车站是建筑中部突出的大厅屋顶，预示着武汉是湖北，也是中部省份崛起的关键地点。外观是九片重檐屋顶，同心排列，又预示九省通衢，同时突出武汉作为我国铁路四大客运中心贯通全国、辐射周边的重要交通地位。

图 6-1　武汉站

武汉火车站结构造型非常独特（图6-1），候车大厅顶部是一个大跨度流线型金属屋盖，两侧雨棚是逐层铺开的开放式大跨结构。候车大厅和雨棚还采用了镂空吊顶设计。外形的复杂性和设计的创新性造成车站风荷载分布非常复杂，需要研究车站表面风荷载分布以及风致振动情况。此外，从车站的安全性和人性化设计角度考虑，高速列车过站时引起的列车风是否会对候车乘客造成不适，也是需要了解的重要问题。

武汉火车站结构风工程案例即针对以上问题展开了全面系统的研究工作。专题可分为三大部分：风洞试验、数值模拟、风振分析。其中前两部分研究了武汉火车站表面风荷载分布情况，并通过对数值模拟和风洞试验的结果进行对比，给出较为可靠和细致的平均压力系数和脉动压力系数分布情况。"风振分析"是根据数值模拟和风洞试验结果，利用结构计算分析软件研究了屋盖和雨棚的风致振动情况，获取了不同风向下的各区域位移风振系数。

通过以上几部分的研究工作，可以对武汉火车站有关"风"的问题给出较为完整清晰的描述。

6.1.2　风洞测压试验

由于车站造型独特，其风荷载分布需要通过风洞模拟试验获得，这对于结构设计和确保雨棚安全有重要意义。

风洞试验制作了 1:260 的武汉火车站缩尺模型，在大型大气边界层风洞进行刚性模型测压试验（图 6-2），获取了 36 个风向下武汉火车站各部分的平均压力及脉动压力分布情况，给出各测点的体型系数值和极值压力系数值。试验中也利用对称性，在屋盖和雨棚局部区域对比测量下表面开孔后压力值的差异。

本试验属于刚性模型试验，需满足几何相似、动力相似、来流条件相似等几个主要相似性条件。

根据本试验的具体情况，流动将在边缘产生分离，分离点是固定的。因而可以认为在试验风速下，获得的压力系数已经进入自准区——即压力系数和 Re 数无关。

由于火车两侧对称，因此试验模型仅在北侧站房、雨棚上下表面以及幕墙上布置了测压孔。为评估下表面采用 50% 透气率材料对风压分布带来的影响，将南侧站房和雨棚部分区域的下表面加工为半透气的，并测量了上表面下方的风压值。

武汉火车站地处郊区，按规范属于 B 类地形。本试验首先在风洞中模拟出了指数为 0.16 的风速剖面。图 6-3 为在风洞中模拟得到的平均风速和湍流度剖面。

图 6-2　武汉站风洞试验模型图

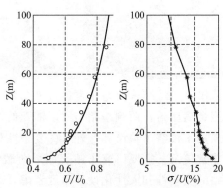

图 6-3　平均风速剖面和湍流度剖面的模拟

　　试验测量了火车站模型在不同风向角下的表面压力分布。定义火车轨道方向为 0°方向。从 0°（偏北风）风向开始，每隔 10°测量一次，获得了雨棚在 36 个风向角下的表面压力分布情况。

　　风洞测压试验主要结论如下：

　　（1）屋盖和雨棚上表面压力分布

　　屋盖上表面在大部分情况下均不出现正压。仅当隆起部分正迎风时，较低位置体型系数会出现 0.1 左右的正值。其余区域体型系数上限值通常在−0.3 左右。雨棚的上表面也基本受负压控制。但在雨棚靠屋盖一侧边缘部分，会出现 0.1 左右的体型系数值，局部位置可达 0.3。每片雨棚的体型系数上限值由外边缘向屋盖方向，成条形分布，分别为−0.3、−0.1、0.1。

　　屋盖的屋脊附近区域是流动分离线，因此会产生较大负压值。屋脊大部分位置的体型系数下限值在−1.9 左右。屋盖东西两端的悬挑部分，体型系数下限绝对值也比较高，在−1.4 左右；而西端悬挑比较长，部分区域下限值达到−2.2。屋盖除去屋脊和悬挑，其余部分的体型系数下限值都在−0.5 左右。与屋盖情况类似，雨棚外围边缘由于是流动分离线，体型系数下限值通常在−1.0 左右。其余部分则基本不会出现强分离造成的高负压，体型系数下限值通常在−0.5 左右。

　　（2）屋盖和雨棚下表面压力分布

　　屋盖下表面的风压分布可明显分为两个区域，即主站房以内的区域和悬挑区域。主站房以内的部分，压力较为均匀，体型系数上限值为接近 0 的负压，而下限值则为分布均匀的−0.3。悬挑部分上限值在 0.4 左右，局部可达 0.6，下限值则在−0.6 左右。

　　雨棚下表面封闭时，压力分布与起伏的波浪造型有关联，呈现出波峰正压与波谷负压交错分布的特点。雨棚边缘的体型系数上限值在 0.4～0.8，内部区域则基本在 0.2～0.4。雨棚下表面体型系数下限值分布则与波浪造型有密切关系，但彼此差值不大。为简化计，同样可将雨棚分为边缘部分和中间部分两大区域，边缘部分下限值在−0.9 左右（局部可达−1.1），内部区域则为−0.6。

　　（3）屋盖和雨棚的合压力分布

　　风洞试验均研究了下表面开孔后对压力分布造成的影响。研究结果表明，屋盖和雨棚下表面开孔后，上表面下方风压与未开孔时的下表面风压接近，仅最外侧雨棚下表面负压绝对值会增加，而下表面的合风压在开孔后基本可忽略。

　　（4）幕墙压力分布

　　风洞试验测量了较高位置的幕墙平均和脉动风压，研究结果表明，幕墙外表面风压分布通常比规范要小。因此，幕墙可根据规范要求进行设计。

（5）典型附图

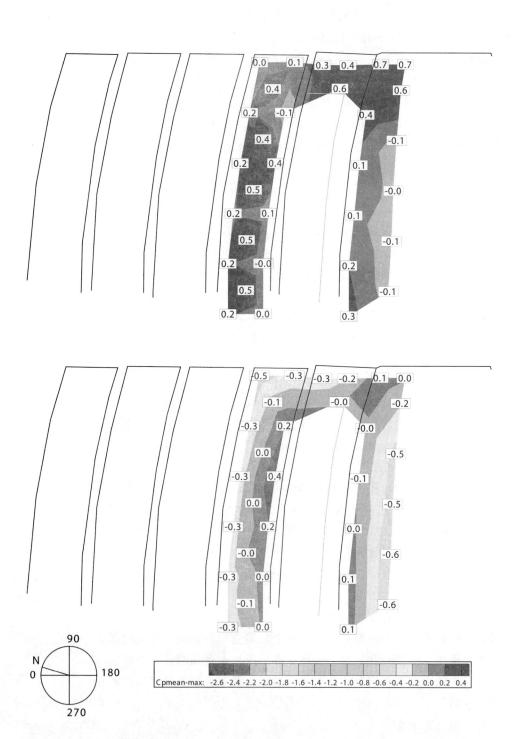

图 6-4　上表面合压力系数（上图）与上方压力系数（下图）最大值之比较

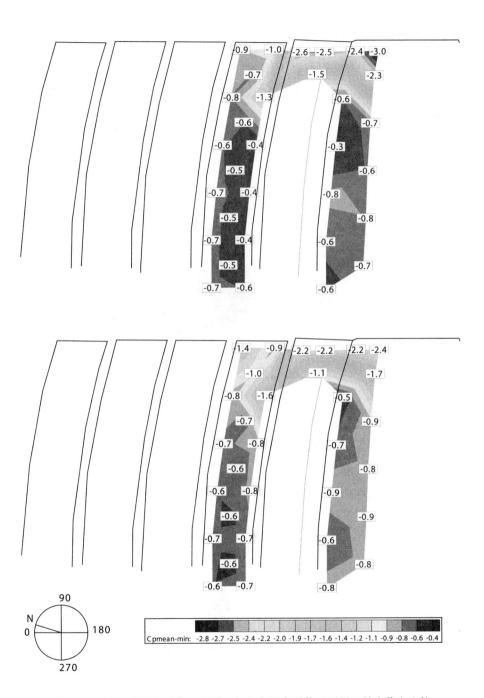

图 6-5　上表面合压力系数（上图）与上方压力系数（下图）最小值之比较

6.1.3　数值风洞

　　基于流体力学软件 Fluent6.1 对武汉火车站站房、雨棚的平均风压进行了数值模拟，并将结果与刚性测压模型试验的结果进行了对比，两者具有很好的一致性；雨棚下表面穿孔管吊顶的风荷载，风洞试验只能在局部布置少量测点，对此部分采用多孔介质阶跃模型进行了数值模拟，起到了补充分析的作用。

　　按照计算流体力学要求，整个计算区域取为 2300m×2160m×210m，建筑物位于计算区域中部，按照 1：1 的比例建立了站房主体和雨棚的模型（图 6-6）。计算模型的阻塞率满足一般认为的小于 5％ 的要求。

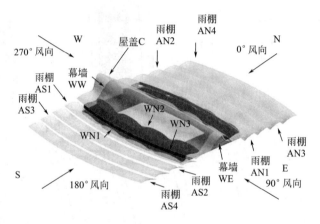

图 6-6　计算模型图

　　由于计算区域比较大，需要对整个计算区域进行合理分区，然后分别对每个区生成网格。靠近主建筑物群周围网格较密，远离主建筑物群的区域网格比较稀疏。网格的划分利用 GAMBIT 来完成。经过网格独立性分析后，确定网格总数为 1504674 个（图 6-7）。

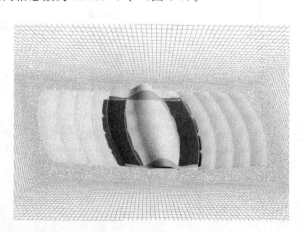

图 6-7　建筑物附近网格的划分

　　数值风洞主要结论如下：

　　（1）通过对比分析，所关心的风荷载敏感部位的压力分布，CFD 数值模拟与风洞试验结果基本吻合；

（2）屋盖上表面压力分布，由于 CFD 计算软件对来流条件中湍流度的简化，因此造成计算结果和风洞试验有差异，建议按照风洞试验结果取值；屋盖下表面压力分布，CFD 数值模拟和风洞试验结果一致；

（3）雨棚上的压力分布，CFD 数值模拟与风洞试验结果基本一致；

（4）由于 CFD 建模的简化，没有加入高架桥和东西侧出入口的小雨棚，对东西侧幕墙的压力分布有影响，CFD 数值模拟的结果偏于保守；CFD 数值模拟和风洞试验得到的值都小于建筑结构荷载规范值，建议按规范取值；

（5）垂直轨道方向的六片幕墙，在站房内部的两片，CFD 数值模拟与风洞试验结果吻合，在站房外部的四片，CFD 数值模拟与风洞试验结果都小于建筑结构荷载规范值，建议按规范取值；

（6）开孔部分的对比，CFD 与风洞试验结果吻合很好。风洞试验受限于试验条件，只在一个区域布置了测点，CFD 可以给出整个下表面开孔的影响，因此，使用 CFD 分析下表面开孔后的压力分布情况是可行的。

（7）典型附图

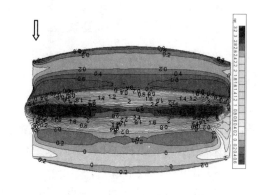

图 6-8 0°风向角屋盖数值计算压力系数分布图

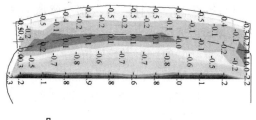

图 6-9 0°风向角屋盖风洞试验压力系数分布图

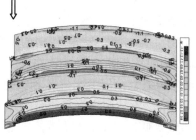

图 6-10 0°风向角雨棚上表面数值计算压力系数分布图

图 6-11　0°风向角
　　　　　雨棚上
　　　　　表面风
　　　　　洞试验
　　　　　压力系
　　　　　数分布
　　　　　图

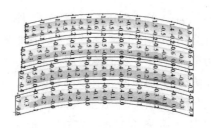

图 6-12　0°风向角
　　　　　雨棚下
　　　　　表面数
　　　　　值计算
　　　　　压力系
　　　　　数分布
　　　　　图

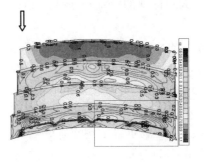

图 6-13　0°风向角
　　　　　雨棚下
　　　　　表面风
　　　　　洞试验
　　　　　压力系
　　　　　数分布
　　　　　图

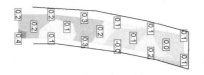

6.1.4　风致振动分析

　　武汉站风致振动研究运用通用有限元分析软件 ANSYS，结合风洞试验和数值模拟结果，研究了各种风向下屋盖和雨棚的风振特性。计算采用 Davenport 谱构造脉动风压谱，通过结构计算得出系统的位移谱密度，再求取位移根方差，最后得出位移风振系数。

　　与通常的风振分析比较，本研究有两大特点：第一是根据 36 个风向下的不同风压分布开展风振分析，避免了按风压最值计算造成的风压非同步性，从而保证了计算结果的准确性。第二是借鉴体型系数的求取方法，采用面积加权方式计算同一分区内的位移风振系数，在保证计算结果可靠的前提下，简化了结构设计时的风振系数取值。

　　计算结果表明，武汉站屋盖与雨棚的风致振动均主要表现在竖向振动方面。而振动覆盖了多阶模态，但在计算模态的选取范围内已达到平衡，说明模态的选取范围可满足计算要求。

　　风致振动分析主要结论如下：

　　（1）综合各风向角的计算结果，屋盖 X 轴的位移风振系数最大值在 1.5～2.2 之间，大部分区域风振系数在 1.7 左右。相对而言，悬挑部分的风振系数稍高。Y 轴风振系数分区情况与 X 轴相仿，但在悬挑的局部位置，位移风振系数达到 2.5。Z 轴同样是悬挑部分风振系数稍高，但整体来看风振系数值比另两轴要低，以 1.5 左右为多。总位移风振系数取值范

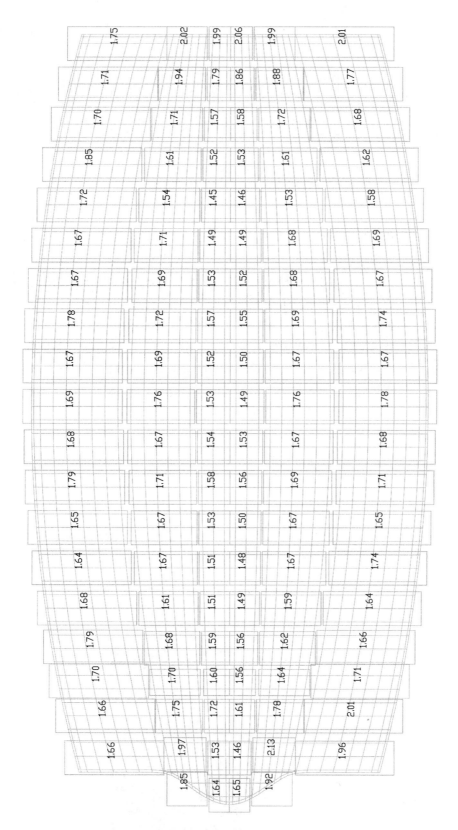

图 6-14　站房屋盖综合各风向总位移风振系数分区图

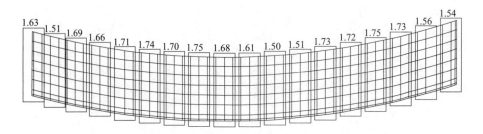

图 6-15　某片雨棚综合各风向总位移风振系数分区图

围在 1.5～2.1 之间，除去两端悬挑部分，其余区域风振系数均在 2.0 以内。屋盖中央隆起部分的风振系数较低，以 1.5 左右为多。两侧较低位置的取值则一般在 1.6 左右。

　　（2）由于四片雨棚的风压分布有所不同，其风振系数的取值范围也有一定区别。AW1 的总位移风振系数在 1.8 左右，西端值稍高，达到 1.97。AW2 的风振系数与 AW1 类似，但西端的风振系数值可达 2.0，且取值较高的范围比 AW1 更大。AW3 的风振系数值则明显降低，大部分区域的取值在 1.7 左右，西端仅较平均值稍高，达到 1.84。AW4 的取值分布和 AW3 类似，风振系数值也在 1.7 左右，且最高值仅为 1.75，明显低于其他三片雨棚。

　　（3）典型附图如图 6-14、图 6-15 所示。

6.2　高层结构——大连国贸中心大厦

6.2.1　工程概况

　　大连国贸中心大厦建设项目（图 6-16）位于中山路—普照街—天津街—民泰街围合地块，总投资 35 亿元。这一项目规划总用地面积约为 1.1 万 m²，总建筑面积约为 32.1 万 m²，其中地上建筑面积约为 26.4 万 m²，地下建筑面积为 5.7 万 m²，建成后主要功能为办公、公寓、商业。大连国贸中心大厦楼高 360m 共 93 层，地上 86 层，地下 7 层。

图 6-16　大连国贸中心大厦

6.2.2　风洞测压试验

本工程受建设场地限制，外形既定，且高宽比较大，同时受周边建筑物的干扰比较严重，其风荷载分布需要通过风洞模拟试验获得。本试验属于刚性模型试验，需满足几何相似、动力相似、来流条件相似等几个主要相似性条件。根据本试验的具体情况，流动将在边缘产生分离，分离点是固定的，因而可以认为在试验风速下，获得的压力系数已经进入自准区，即压力系数和 Re 数无关。

根据风洞阻塞度要求、转盘尺寸及原型尺寸，试验模型缩尺比确定为 1：450。模型根据建筑图纸准确模拟了建筑外形，以反映建筑外形对表面风压分布的影响（图 6-17）。

图 6-17　模型在风洞中的照片

本次试验在 B 类地貌下进行。图 6-18 为在风洞中采用尖劈配合粗糙元的方法模拟得到的风速剖面。

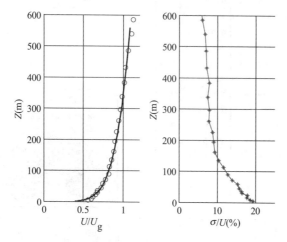

图 6-18　试验风速剖面和湍流度剖面

本试验测量了试验模型在不同风向角下的表面压力分布。从 0°风向开始，每隔 10°测量一次，获得了模型在 36 个风向角下的表面压力分布情况。

风洞测压试验主要结论如下：

（1）试验结果得出的体型系数略高于规范规定（迎风面和背风面体型系数之差约为 1.4～1.5）。通常迎风面体型系数最高在 1.0，个别区域由于流动加速的作用，出现 1.1 的体型系数。

（2）建筑表面极值风压的变化范围是：$-5.8\sim4.0\mathrm{kN/m^2}$。

（3）典型附图

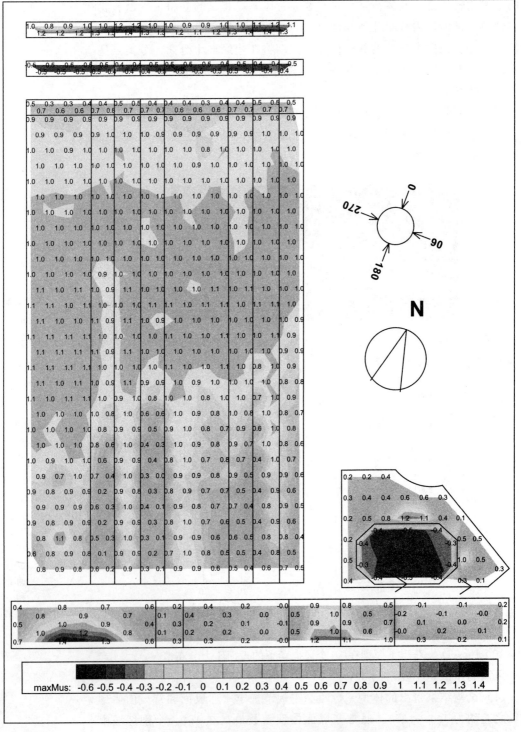

图 6-19　体型系数统计最大值分布图

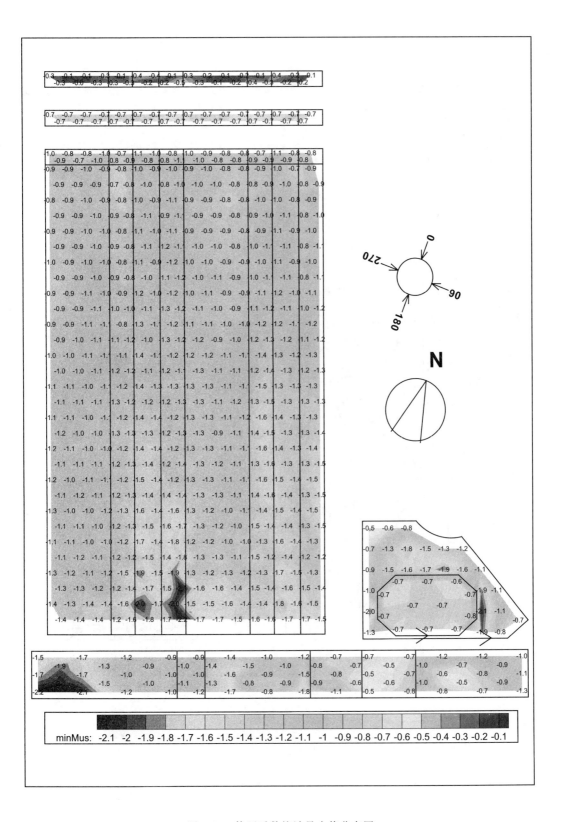

图 6-20　体型系数统计最小值分布图

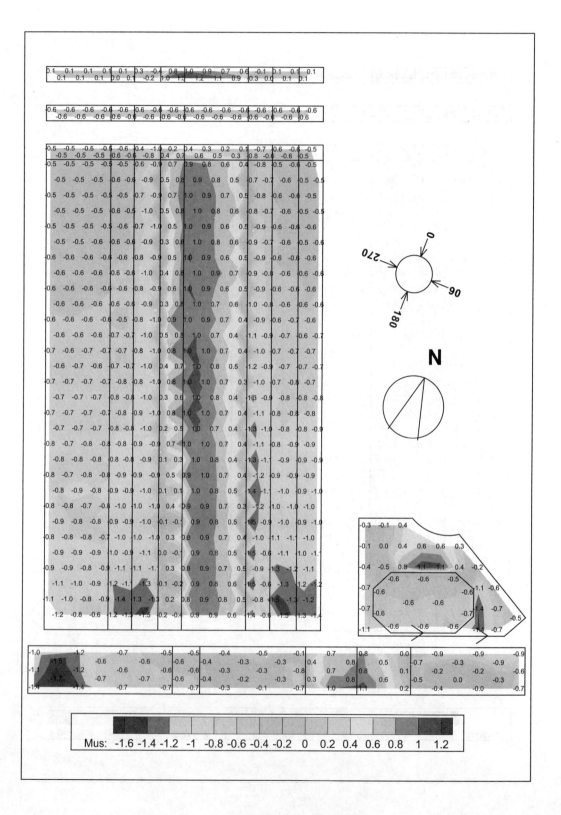

图 6-21 0度风向角下体型系数分布图

6.2.3 风洞测力试验

通过高频底座天平测力试验测得的结构基底力和力矩，与结构分析相结合，就可以得出模型的风致响应。本试验属于刚性模型测力试验，需满足几何相似、动力相似、来流条件相似等几个主要相似性条件。根据本试验的具体情况，分离点是固定的，因而可以认为在试验风速下，获得的无量纲系数已经进入自准区，即该系数和 Re 数无关。根据风洞阻塞度要求、转盘尺寸及原型尺寸，试验模型缩尺比确定为 1：450。为保证测力试验结果的准确性，模型本身较轻，刚度较大。图 6-22 为本次试验模型的情况。试验时远方来流风速 8m/s，数据采样频率为 1kHz，采样时间 10s。

图 6-22 模型在风洞中的照片

本试验对 B 类地貌进行了研究。图 6-23 为在风洞中采用尖劈配合粗糙元的方法模拟得到的平均风速和湍流度剖面，风剖面指数为 0.16，符合规范对 B 类地形的要求。

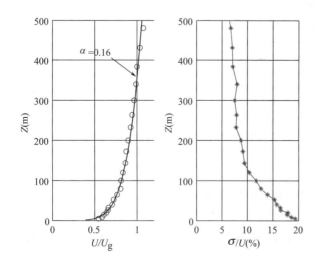

图 6-23 试验平均风速剖面和湍流度剖面

　　湍流积分尺度约在 0.4m 左右，按 1∶450 的比例，折合原型为 180m，与大气湍流的积分尺度相近。风速谱也和文献吻合较好（图 6-24）。

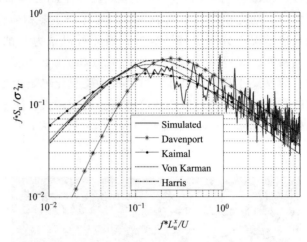

图 6-24　试验风速谱与文献的比较

　　本试验测量了试验模型在不同风向角下的基底受力情况。从 0 度风向开始，每隔 10 度测量一次，共有 36 种工况。风致响应的计算的风向角和坐标系定义如图 6-25。

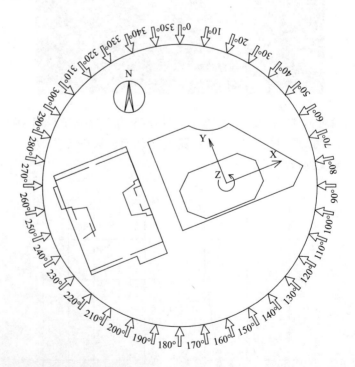

图 6-25　风向角和坐标系定义

　　风洞测力试验主要结果如下：

（1）顺风向风荷载

以下根据规范计算 B 类地貌 160°风向时塔楼的顺风向基底剪力：

建筑高 $H=370\text{m}$，宽度 $D=70\text{m}$，x 方向一阶周期 $T=8.12\text{s}$，阻尼比取为 0.04。

注：振型假设为线性。

体型系数取 1.3

动力放大系数 $\xi=\sqrt{1+\dfrac{x^2\pi/6\zeta}{(1+x^2)^{4/3}}}$ ，其中 $x=\dfrac{30}{\sqrt{w_0T_1^2}}$

平均荷载：

$$Fx=\int_0^H \mu_s\mu_z w_0 D dz=\mu_s w_0 D\int_0^H \mu_z dz$$

$$=1.3\times0.65\times70\times\int_0^{370}\left(\frac{z}{10}\right)^{0.32}dz=5.27\times10^4\text{kN}$$

风振系数：

$$x=\frac{30}{\sqrt{w_0T_1^2}}=\frac{30}{\sqrt{0.65\times7.13^2}}=5.22$$

脉动影响系数 0.42，对应不同阻尼比的脉动增大系数 ξ 及顶部风振系数 β_z 计算值见表 6-1。

不同阻尼比的脉动增大系数及顶部风振系数		表 6-1
阻尼比	3%	3.5%	4%
ξ	2.55	2.39	2.27
β_z	1.338	1.317	1.3

风荷载标准值：

阻尼比为 4% 时，

$$\hat{F}x=\int_0^H \beta_z\mu_s\mu_z w_0 D dz=\mu_s w_0 D\int_0^H \beta_z\mu_z dz=\mu_s w_0 D\int_0^H(\mu_z+\xi\nu\phi_z)dz$$

$$=Fx+\mu_s w_0 D\xi\nu\int_0^H \phi_z dz=5.27\times10^4\text{kN}+1.3\times0.65\times70\times$$

$$2.27\times0.42\times\int_0^{370}\left(\frac{z}{370}\right)dz=6.31\times10^4\text{kN}$$

阻尼比为 3.5% 时，$\hat{F}x=6.37\times10^4\text{kN}$

阻尼比为 3% 时，$\hat{F}x=6.44\times10^4\text{kN}$

实验结果得出的顺风向（160°风向）基底剪力约为规范值的 92%。

（2）横风向风荷载

中国规范中仅对原型截面的高耸结构和高层建筑规定了横向风振的计算方法。但实际上，方型截面的高层建筑除了涡脱落的无量纲频率 St 数与圆形截面有差别外，横风向风荷载的计算方法是类似的。

厚宽比 1.67 的 St 数按欧洲规范应取 0.08，但考虑到大连国贸边缘处有较明显的倒角，并参考其他资料（如张相庭：《结构风工程：理论规范实践》），St 数按 0.15 进行计算。

临界风速为 $v_{cr} = \dfrac{D}{T_1 S_t} = \dfrac{70}{7.13 \times 0.15} = 65.45 \text{m/s}$

结构顶部风速

$$v_H = \sqrt{\frac{2000 \gamma_w \mu_H w_0}{\rho}} = \sqrt{\frac{2000 \times 1.4 \times 3.17 \times 0.65}{1.23}} = 68.5 \text{m/s}$$

$H_1/H = 0.34$，从而计算系数 $\lambda_j = 1.46$。

顶部的横向风荷载

阻尼比为 4%时，

$$w_{czj} = |\lambda_j| v_{cr}^2 \phi_{zj}/12800 \zeta_j = 1.46 \times 65.45^2 \times 1.0/(12800 \times 0.04)$$
$$= 12.2 \text{ kN/m}^2$$

阻尼比为 3.5%时，

$$w_{czj} = |\lambda_j| v_{cr}^2 \phi_{zj}/12800 \zeta_j = 1.46 \times 65.45^2 \times 1.0/(12800 \times 0.035)$$
$$= 13.9 \text{ kN/m}^2$$

阻尼比为 3%时，

$$w_{czj} = |\lambda_j| v_{cr}^2 \phi_{zj}/12800 \zeta_j = 1.46 \times 65.45^2 \times 1.0/(12800 \times 0.03)$$
$$= 16.2 \text{ kN/m}^2$$

振型按线性考虑，则总的基底横向风荷载为 $13.2 \times 370 \times 70/2 = 1.58 \times 10^5 \text{kN}$（阻尼比 4%），$1.80 \times 10^5 \text{kN}$（阻尼比 3.5%）及 $2.10 \times 10^5 \text{kN}$（阻尼比 3%）。

图 6-26 中，由于结构的一阶自振频率位置对应的谱值较低，因而没有明显的共振现象，故实验得出横风向的基底剪力相对于规范计算值比较小。基底剪力及扭矩随风向变化的情况，见图 6-27。

图 6-26　横风向基底剪力的功率谱

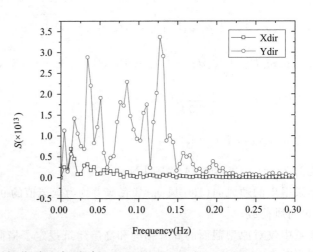

（3）顶部位移和加速度

根据 50 年重现期计算了顶部最大位移，如表 6-2 所示；并根据 10 年重现期计算了顶部最大加速度（其中扭转分量按其产生的最不利效果进行叠加），如表 6-3 所示。

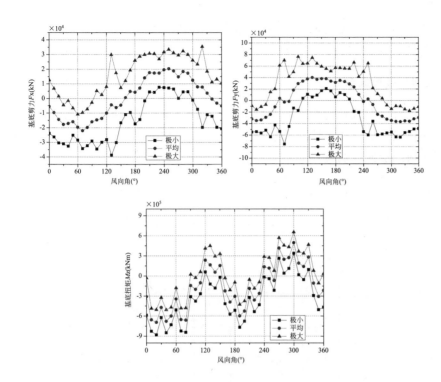

图 6-27　基底剪
力 及 扭
矩 随 风
向 变 化
情　况
（阻　尼
比 4%）

顶层位移 （m）　　　表 6-2

	方向	Xdef	Ydef	Total
阻尼比 4%	顶层位移	0.22	0.54	0.57
	风向角(°)	130	70	70
	方向	Xdef	Ydef	Total
阻尼比 3.5%	顶层位移	0.21	0.56	0.59
	风向角(°)	130	70	70
	方向	Xdef	Ydef	Total
阻尼比 3%	顶层位移	0.20	0.60	0.62
	风向角(°)	130	70	70

顶层最大加速度（X、Y 向及总加速度 m/s²，扭转向 rad/s²）　表 6-3

	方向	Xacc	Yacc	Racc
阻尼比 2%	顶层加速度	0.061	0.167	0.004(rad/s)
	风向角(°)	320	240	130
	方向	Xacc	Yacc	Racc
阻尼比 1.5%	顶层加速度	0.067	0.197	0.005(rad/s)
	风向角(°)	320	240	130

　　阻尼比 4% 时，顶层最大位移与结构总高的比值约为 1/670；阻尼比为 3.5% 时，顶层最大位移与结构总高的比值约为 1/639；阻尼比取为 3% 时，顶层最大位移与结构总高的比值约为 1/600，均满足《高层建筑混凝土结构技术规程》对层间位移角的要求（1/500）。阻尼比为 2% 时，顶部最大加速

度 0.17m/s²，阻尼比取 1.5％时，顶部最大加速度 0.20m/s²，均满足《高层建筑混凝土结构技术规程》对办公、旅馆等高层建筑的舒适度要求。

6.2.4 风致振动分析

结合风洞试验构造气动力时程后，可计算得到各阶振型广义力，之后采用广义坐标合成法计算风振响应。主要结果如下：

（1）加速度响应——阻尼比 1.5％

图 6-28 10 年重现期风压作用下结构顶部质心处加速度响应

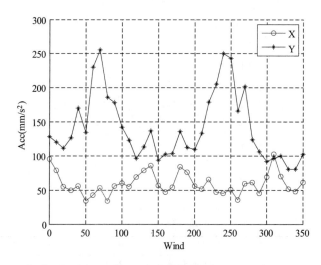

10 年重现期风压作用下结构顶层最大加速度（单位：m/s²） 表 6-4

方向	X	Y
风向	310	70
加速度响应	0.103	0.256

图 6-29 10 年重现期风压作用下结构顶部质心处加速度响应（设置 TMD 前后的对比图）

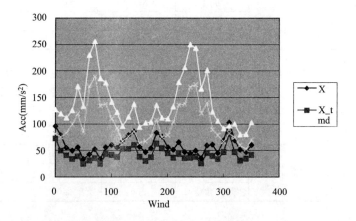

10 年重现期风压作用下结构顶层最大加速度（单位：m/s²） 表 6-5

方向	X	Y
风向	310	70
加速度响应	0.082	0.189

（2）加速度响应——阻尼比 2%

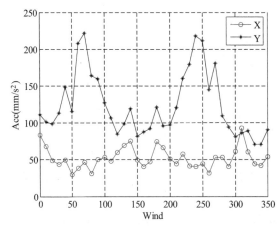

图 6-30 10 年重现期风压作用下结构顶部质心处加速度响应

10 年重现期风压作用下结构顶层最大加速度（单位：m/s²）   表 6-6

方向	X	Y
风向	310	70
加速度响应	0.092	0.222

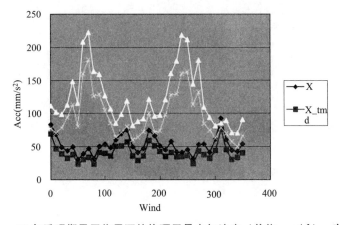

图 6-31 10 年重现期风压作用下结构顶部质心处加速度响应（设置 TMD 前后的对比图）

10 年重现期风压作用下结构顶层最大加速度（单位：m/s²）   表 6-7

方向	X	Y
风向	310	70
加速度响应	0.076	0.181

在没有设置 TMD 的情况下，当结构阻尼比由 0.02 降至 0.015 时，结构顶部最大加速度增加约 15%。通过在结构顶部设置 600t TMD 装置之后，结构顶部最大加速度响应在两种阻尼比情况下都显著地降低，并小于 0.25m/s²，符合《高层建筑混凝土结构技术规程》对办公楼超高层建筑的舒适度要求。

（3）位移响应——阻尼比 3%，结构顶部质心位移响应如图 6-32。

（4）位移响应——阻尼比 3.5%，结构顶部质心位移响应如图 6-33。

（5）位移响应——阻尼比 4%，结构顶部质心位移响应如图 6-34。

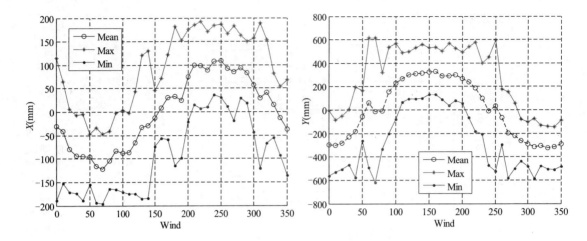

图 6-32 结构顶部质心位移响应

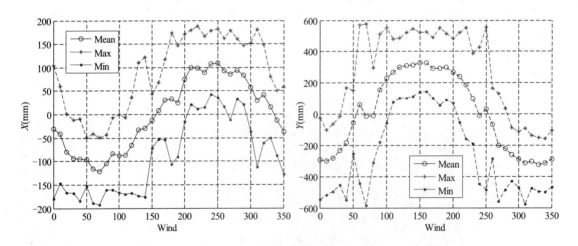

图 6-33 结构顶部质心位移响应

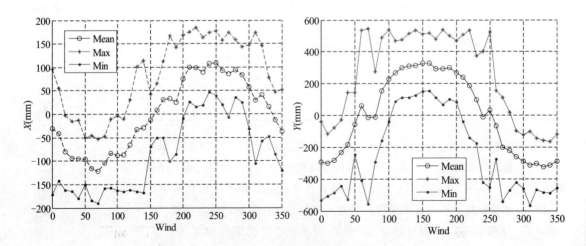

图 6-34 结构顶部质心位移响应

50 年重现期，结构阻尼比为 3％时的位移响应 Y 轴方向最大水平位移为 619.6mm，是楼高 360m 的 1/581。

50 年重现期，结构阻尼比为 3.5％时的位移响应 Y 轴方向最大水平位移为 585.6mm，是楼高 360m 的 1/615。

50 年重现期，结构阻尼比为 4％时的位移响应 Y 轴方向最大水平位移为 567.1mm，是楼高 360m 的 1/635。

6.3　特种结构——宁东物流园悬索

6.3.1　工程概况

该工程是一景观造型，采用拱支索膜结构。膜结构由四根空间曲梁形成张拉，曲梁通过 10 个支座固定于两侧的水泥基座上，两对曲梁交叉设置了 100 根预应力拉索，每根拉索的预应力为 50kN，见图 6-35。

图 6-35　宁东物流

6.3.2　风洞测压试验

本试验属于刚性模型试验，需满足几何相似、动力相似、来流条件相似等几个主要相似性条件。根据本试验的具体情况，流动将在边缘产生分离，分离点是固定的。因而可以认为在试验风速下，获得的压力系数已经进入自准区，即压力系数和 Re 数无关。

根据风洞阻塞度要求、转盘尺寸及原型尺寸，试验模型缩尺比确定为 1:80。模型根据建筑图纸准确模拟了建筑外形，以反映建筑外形对表面风压分布的影响（图 6-36）。

图 6-36　模型在风洞中的照片

本次试验在 B 类地貌下进行。图 6-37 为在风洞中采用尖劈配合粗糙元的方法模拟得到的风速剖面。

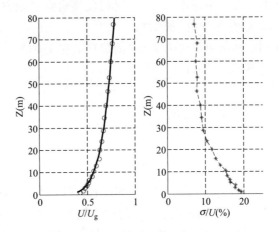

图 6-37　试验风速剖面和湍流度剖面

本试验测量了试验模型在不同风向角下的表面压力分布。从 0°风向开始，每隔 10°测量一次，获得了模型在 36 个风向角下的表面压力分布情况。风洞测压试验结果表明，建筑表面极值风压的变化范围是 −3.0～2.7kN/m²。典型附图如图 6-38，图 6-39，图 6-40 所示。

6.3.3　风致振动分析

风致振动分析的模型如图 6-41。

风致振动分析的主要结果如下：

（1）荷载特征

随着风向的变化，60°时膜表面存在比较强的下压风作用，局部区域达到 4.0kN/m²；270°时膜表面会出现比较强的上吸风作用，局部区域达到 −2.7kN/m²。

（2）拉索受力的总体特征

试验研究表明，根据拉索位置和风向不同，拉索会出现正向拉力和负向拉力。其中正向拉力将影响拉索强度的设计，而负向拉力会使预应力拉索发生松弛，尤其值得关注。图 6-42 给出了 2 条典型拉索（100 号和 81 号）内力随风向的变化。

由图 6-42 可以发现，拉索内力对 0°和 180°风向的对称性良好。在大多数风向下，拉索既可能出现正向拉力，也可能出现负向拉力。就平均拉力而言，100 号拉索正值较大（接近 10kN），81 号拉索负值较大（数值略高于 10kN），二者变化趋势的相位差 180°。但拉力脉动值变化趋势基本一致，在 0°～50°和 300°～350°时脉动强度较大。这些风向恰好是罩棚正面以对称轴为中心的 ±50 度范围，此时来流在罩棚上边缘形成流动分离，罩棚上方形成较大范围负压，反映出这些风向表面风荷载脉动较强的特征。拉索受力的极大极小值是该风向下可能出现的拉力范围，而所有风向下的拉

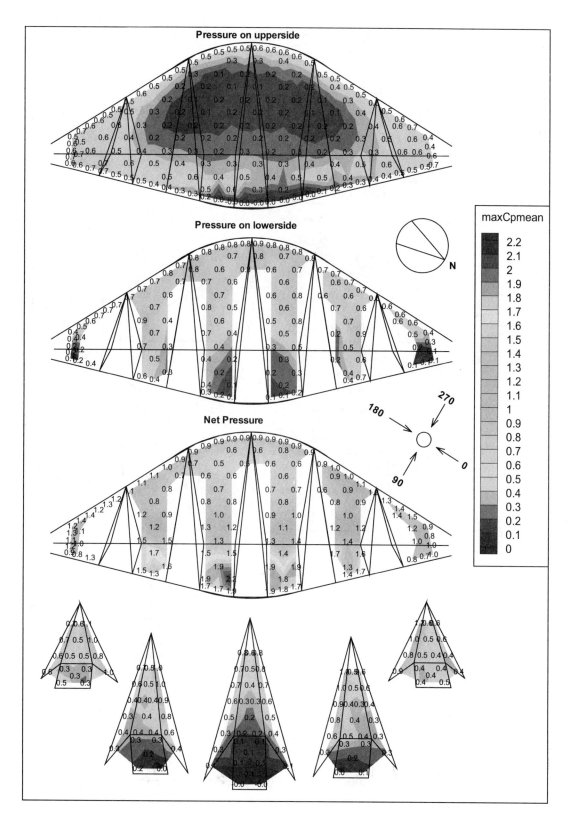

图 6-38 平均压力系数统计最大值分布图

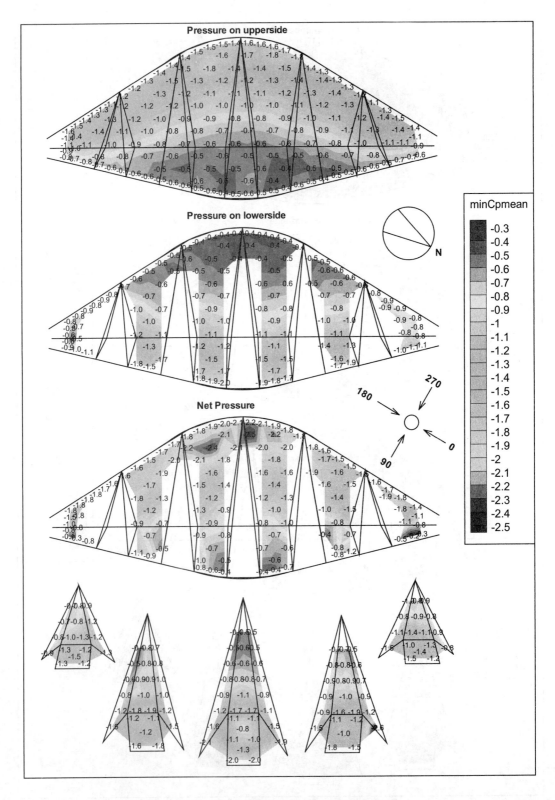

图 6-39　平均压力系数统计最小值分布图

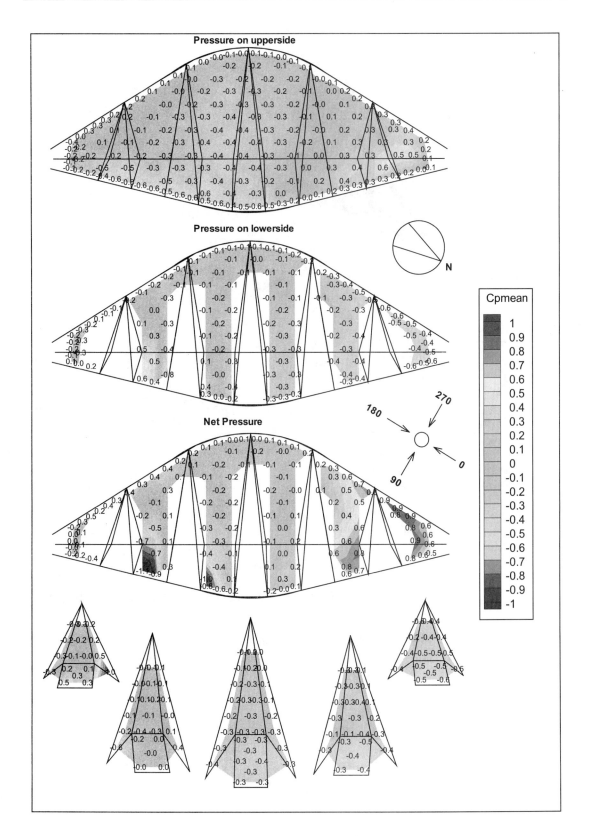

图 6-40　0°风向角平均压力系数分布图

图 6-41　结构模型

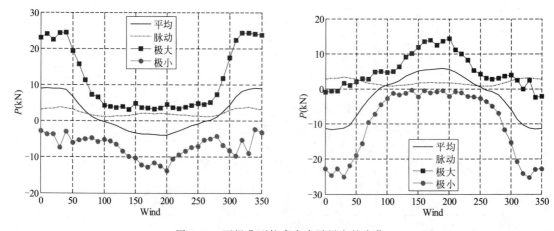

图 6-42　两根典型拉索内力随风向的变化

　　力极大、极小值的上下限，就构成了该拉索风荷载作用下的内力包络值，可直接用于和其他荷载效应进行组合。

　　数据分析表明，当两根拉索交叉设置，拉力随风向的变化也表现出不同特征。各平行拉索的受力特征则大同小异，仅在数值大小上有所区别。

参　考　文　献

1. Minimum Design Loads for Buildings and Other Structures，ASCE Standard 7-05，American Society of Civil Engineering，Reston，VA，2005.

2. 中华人民共和国国家标准. 建筑结构荷载规范 GB　50009—2012. 中国建筑工业出版社.

3. 中华人民共和国行业标准. 高层民用建筑钢结构技术规程 JGJ 99—98. 中国建筑工业出版社.

4. 张相庭. 结构风工程——理论、规范、实践. 中国建筑工业出版社，2006.

5. 张相庭，王志培，黄本才，王国砚. 结构振动力学（第二版）. 同济大学出版社，2005

6. 王国砚. 基于等效风振力的结构风振内力计算——关于我国荷载规范中有关风荷载理论的分析. 建筑结构，2004.34（7）：p.36-43.

7. Kareem，A. Dynamic response of high-rise buildings to stochastic wind loads. Journal of Wind Engineering and Industrial Aerodynamics，1992.41-44：p.1101-1112.

8. 陈凯，符龙彪，钱基宏，金新阳. 基于荷载效应的结构抗风设计方法研究. 建筑结构学报，33（1）：27-34，2012.

9. 全涌，顾明. 高层建筑横风向风致响应及等效静力风荷载的分析方法. 工程力学，2006.23（9）：p.84-88.

10. 唐意，顾明，全涌. 矩形截面超高层建筑风致脉动扭矩的数学模型. 建筑结构学报，2009.30（5）：p.192-198.

11. 金新阳，唐意. 温州东海广场超高层建筑三维风振分析. 建筑结构学报，2009.30（Suppl. 1）：p.149-153.

12. AIJ. Recommendations for loads on buildings. Tokoy：Architectural Institute of Japan，2004.

13. ISO/FDIS 4354：2008（E）. Wind actions on structures. 2008.

14. British Standard，BS6399 Loading for Buildings. Part 2：Code of Practice for Wind Loads［S］. BSI，2002.

15. Australian/New Zealand Standard，Structural design actions，Part 2：Wind Action［S］. 2002

16. European Standards，Eurocode 1：Actions on structures - General actions - Part 1-4 Wind actions［S］. 2004

17. ASCE Standard 7-05：Minimum Design Loads for Buildings and Other Structures［S］. ASCE，2006

18. Architectural Institute of Japan，Recommendations for loads on buildings［S］. 2005.

19. ISO/FDIS 4354：2008，Wind Actions On Structures. 2008.

20. NBC 2005，Part 4 of Division B，2005.

21. Homels J. D. Wind Loading of Structures. Spon Press. 2001.

22. Deaves DM and Harris RI，A mathematical model of the structure of strong winds，Construction Industry Research and Information Association，Rep. 76，1978.

23. Wieringa J，Representative roughness parameters for homogeneous terrain，Boundary Layer Meteorology，63：323 - 363，1993.

24. Arya S P. Micrometeorology and atmospheric boundary layer，Pure and applied geophysics，162：1721-1745，2005.

25. Verkaik J. W. and Holtslag A. A. Wind profiles，momentum flux and roughness lengths at Cabauw revisited. Boundary Layer Meteorology，122：701-719，2007.

26. Powell M. D. ，Vickery PJ，Reinhold TA. Reduced drag coefficient for high wind speeds in tropical cyclones. Nature，422：279-283，2003.

27. Li Q S，Zhi L，Hu F，Boundary layer wind structure from observations on a 325m tower，Journal of wind engineering and industrial aerodynamics，98：818-832，2010.

28. GB 50009-2012 建筑结构荷载规范［S］. 北京：中国建筑工业出版社，2012.

29. 陈基发. 围护结构的风荷载，建筑科学，16（6）：26-31，2000.

30. 陈凯，金新阳，钱基宏. 考虑地貌修正的基本风压计算方法研究. 北京大学学报（自然科学版），48（1）：13-19，2012.

31. 谢壮宁，顾明. 任意排列双柱体的风致干扰效应. 土木工程学报，38（10）：32-38，2005.

32. CABR 新建科研大楼风洞试验研究报告. 中国建筑科学研究院风工程研究中心，2009.

33. Cermark，JE（2003）. Wind-tunnel development and trends in applications to civil engineering，Journal of Wind Engineering and Industrial Aerodynamics，91：355-370.

34. Chｉ-Ming Cheng and Cheng-Hsin Chang（2004），Workshop on regional harmonization of wind loading and wind environmental specifications in Asia-Pacific Economies（APEC-WW），Session 1 Pedestrian level wind.

35. Hunt，JCR，Poulton，EC and Mumford，JC（1976）. The effects of wind on people：new criteria based on wind tunnel experiments，Building Environ. 11：15 - 28.

36. Lawson，TV and Penwarden，AD（1975）. The effects of wind on people in the vicinity of buildings，Proceedings of the 4th International Conference on Wind Effects on Buildings and Structures，Heathrow（1975），Cambridge University Press，pp. 605-622.

37. Melbourne，WH（1978）. Criteria for environmental wind conditions，Journal of Industrial aerodynamics，3：241-249.

38. Murakami，S and Deguchi K（1981）. New Criteria for wind effects on pedestrians，Journal of Wind Engineering and Industrial Aerodynamics，7：289-309.

39. Murakami，S，Iwasa Y and Morikawa Y（1986）. Study on acceptable criteria for assessing wind environmental at round level based on resident's diaries，Journal of Wind Engineering and Industrial Aerodynamics，24：1-18.

40. Soligo，MJ，Irwin PA，Williams CJ and Schuyler GD（1998）. A comprehensive

assessment of pedestrian comfort including thermal effects，Journal of wind engineering and Industrial Aerodynamics，77&78：753-766.

41. Yoshie，R（2004）. Workshop on regional harmonization of wind loading and wind environmental specifications in Asia-Pacific Economies（APEC-WW），Session 1 Pedestrian level wind.

42. Yang，Y，et al，New inflow boundary conditions for modeling the neutral equilibrium atmospheric boundary layer in computational wind engineering. Journal of Wind Engineering and Industrial Aerodynamics（2009），doi：10.1016/j. jweia. 2008.12.001.

43. 杨伟，顾明，陈素琴. 计算风工程中 k-ε 模型的一类边界条件. 空气动力学学报，2005，23（1），97-102.

44. 杨伟，金新阳，陈素琴，顾明. 风工程数值模拟中平衡大气边界层的研究与应用. 土木工程学报，2007（2），1～5.

45. 姜瑜君，桑建国，张伯寅. 高层建筑的风环境评估. 北京大学学报（自然科学版），2006（1），p68-73.

46. 杨易，顾明，金新阳，杨立国. 风环境数值模拟中模拟植被的数学模型与应用. 同济大学学报，2010，vol. 38（9）. 1266-1270.

第二部分　雪灾篇

第7章 雪灾概述

我国幅员辽阔，在北方寒冷地区雪荷载引起的建筑结构安全问题十分突出。尤其是近年来，由于全球气候变化，异常天气引起的冰雪灾害给国家造成巨大的经济损失。大量的厂房、塔架等建筑结构在雪荷载作用下倒塌或产生不同程度的破坏，给人民的生命财产安全造成极大威胁。

7.1 雪灾调查

自 2001 版《建筑结构荷载规范》颁布实施以来，我国建筑结构在冰雪防御方面遇到了不少新挑战。一方面，极端天气的出现愈加频繁，对建筑结构的安全造成了极大威胁，2008 年南方冰雪灾害就是其中的典型。另一方面，随着我国社会经济的发展，大跨度结构、轻型钢结构和简易钢结构出现了更长足的发展和更广泛的应用；这些建筑结构对屋面雪荷载都较为敏感，如若不能在设计中正确评估雪荷载的作用，则极有可能带来结构坍塌事故的发生和生命财产的损失，这是我们要极力避免的。不幸的是，近几年来发生的雪致工程事故数量并不少，这些事故应引起我们的足够重视和认真反思。

大跨轻钢屋盖结构质量轻，阻尼小，刚度相对较柔，不仅是风敏感结构，也是雪荷载敏感结构。近年来，大跨轻钢屋盖结构由于暴风雪灾害而遭受破坏的情况频繁发生。

以我国为例，2005～2010 年期间，我国东北、华北和南方地区连续遭遇了多次大的雪灾，雪灾中大跨度结构和轻钢屋盖结构出现了大面积的垮塌事故。2005 年 12 月，山东威海遭受超过百年一遇的大雪，53 个钢结构工程建筑受损，多数为轻型钢结构。2007 年 3 月，辽宁省遭受特大暴风雪袭击，交通瘫痪，部分工业厂房受损倒塌，企业停产或半停产。这次暴风雪是当地 56 年来强度最大的一次，平均积雪厚度达 36cm，最大阵风达 9～10 级。暴雪加上强风，使积雪在女儿墙、高低跨、雨篷等部位大量堆积，最大积雪深度达 1.5～2.0m。局部雪荷载过大，是厂房损毁的主要原因。表 7-1 列出了这次暴风雪中发生坍塌的典型结构。2008 年 1 月，我国南方遭遇近 50 年以来罕见的特大冰雪灾害，屋面积雪荷载接近甚至超过国家《建筑结构荷载规范》GB 50009-2001 规定的 50 年一遇的基本雪压的限值，造成湖南、湖北、贵州、安徽、江苏等 10 省区大量轻钢屋盖建筑如厂房、加油站等倒塌，直接经济损失超过 1516.15 亿。2009 年 11 月，河北省出现全省范围自 1955 年有记载以来降雪持续时间最长、降雪量最大的一次雪灾；石家庄市区累积积雪深度为 52cm，造成加油站、学校等大量大跨屋盖建筑坍塌损毁，多人伤亡。2010 年 1 月，内蒙古、新疆地区发生暴风雪灾害；其中新疆塔城、阿勒泰地区的暴风雪灾害为 40 年来罕见，倒塌房屋 799 间，损坏房屋 4897 间，直接经济损失约 1 亿元。2010 年 4 月，黑龙江省部分地区降罕见暴雪，积雪厚度近 20cm；同年 12 月 24 日，黑龙江省遭遇 10 年来最严重的一次风吹雪灾害，瞬时风力最高达 9 级，路面能见度不足 1m，部分路段积雪厚达 3m。风雪灾害中，大跨屋盖结构发生垮塌事故时时见诸报道。

2007 年辽宁地区暴风雪导致的若干结构坍塌事故　　　　表 7-1

建筑名称	结构形式	积雪情况	损伤情况
沈阳某机床厂车间	五跨门式刚架	积雪 1~1.2m	屋面压型钢板压折，搭接处拉开
沈阳某公司 4 栋厂房	五跨门式刚架	积雪在女儿墙处堆积，屋面严重超载	整个屋面压塌，刚架梁严重变形或倒塌
鞍山某钢构厂厂房	五跨门式刚架	积雪在女儿墙处堆积，高度达 3.6m	屋面板被压折塌陷，檩条失稳弯折
沈阳某机械厂仓库	门式刚架	积雪深度超过女儿墙高度(1.5m)	南坡沿女儿墙处大面积坍塌，檩条失稳
沈阳鼓风机厂厂房	门式刚架	积雪 1~2m	屋面压折
鞍山某不锈钢厂	三跨门式刚架	女儿墙处大量积雪	一半屋面板及檩条坍塌，其余屋面严重变形
沈阳某摩托车厂	三跨门式刚架	大量积雪	全部倒塌

表 7-2 列出了公开文献中报道的若干雪致工程事故。

2001 年以来我国因雪发生的若干结构坍塌事故　　　　表 7-2

时间	地点	建筑性质	面积(尺寸)	结构形式
2004 年	山东济南	厂房	24m×60m	平面桁架
2004 年	湖南	厂房	37m×300m	拱桁架
2004 年	安徽池州	厂房	45m×105m	平面拱桁架
2004 年	江南	厂房	50.18m×120m	两跨薄壁钢管排架
2005 年	山东烟台	厂房	30m×180m	双跨门式钢架
2007 年	辽宁沈阳	厂房	72m×147m	八跨门式钢架
2008 年	湖南湘潭	厂房	90m×504m	三跨门式钢架
2008 年	安徽南陵	厂房	50.4m×72m	门式钢架
2008 年	安徽无为	厂房	12m×约 100m	单层砖柱-轻型屋盖

图 7-1～图 7-4 为不同类型的大跨轻钢结构在雪荷载作用下破坏的实例。

*a.*浙江某集团7栋厂房

*b.*合肥瑶海工业园仓库厂房

图 7-1 雪致工程事故实例——工业厂房

*a.*武汉岳皇加油站

*b.*邢台南石门加油站

*c.*长治市郊某加油站

*d.*哈尔滨红旗加油站

图 7-2 雪致工程事故实例——加油站罩棚

*a.*大别山区某输电塔　　　　　　　　　　　　　　　　*b.*贵州丹寨县某输电塔

图 7-3　雪致工程事故实例——输电线塔

*a.*哈尔滨道里区某菜市场　　　　　　　　　　　　　　　*b.*武汉青山区某菜市场

图 7-4　雪致工程事故实例——集市顶棚

　　国外也频发大跨屋盖结构因雪灾损毁的事故。2004 年 2 月 16 日，莫斯科附近一水上乐园玻璃屋顶被积雪压塌，造成 28 人死亡，142 人受伤；2006 年 2 月 23 日，莫斯科市中心鲍曼市场因积雪过重突然发生屋顶坍塌事故，造成 47 人死亡，29 人受伤。2005 年 12 月 24 日，日本中部山形县一所学校的体育馆顶棚被厚重的积雪压塌。2006 年 1 月 2 日，德国一家溜冰馆的房顶被 20 多厘米的积雪压塌，造成至少 15 人死亡。2006 年 1 月 28 日，波兰西南部城市卡托维茨国际博览会一座展厅的屋顶因积雪发生坍塌，造成 69 人死亡，140 多人受伤。2010 年 12 月 12 日，美国明尼苏达州一大型橄榄球场屋盖被积雪压塌；同年 12 月，德甲联赛维尔廷斯球场被暴风雪严重破坏，顶棚被撕裂 1000 多平方米，3 根支撑梁被压坏。2011 年 2 月 16 日，暴雪压塌韩国三陟市中央市场顶棚，造成多人伤亡。图 7-5 为国外雪致工程事故实例。

a.莫斯科Transvaal水上乐园　　　　　　　　　b.德国巴特赖兴哈尔溜冰馆

c.波兰卡托维茨展览馆　　　　　　　　　d.莫斯科鲍曼市场

图 7-5　国外雪致工程事故实例

7.2　建筑遭受雪灾破坏的原因分析

大跨轻钢结构在遭受雪灾后破坏的原因分析如下：

1. 雪荷载超过设计承载能力

2005 年 12 月山东威海的持续大雪，第一场降雪全市平均雪深就超过 0.40m，此后持续不断的降雪过程使得很多区域雪深达到 0.80m，局部地区甚至超过 1.0m，屋面承受的雪荷载实际超过 1.0kN/m²。根据现行国家荷载规范，威海地区建筑物屋面的基本雪压按照 50 年一遇的标准计算，雪荷载设计参数为 0.45kN/m²。大量建筑坍塌的首要原因是雪荷载超载。2007 年 3 月 4 日凌晨至 5 日沈阳市的暴风雪也超过规范设计目标。根据调查，局部屋面积雪厚度可达 1.5～2.0m，雪的含水量较高，荷载达到 2.0～3.0kN/m²，而现行规范规定的 50 年一遇雪荷载大小为 0.50kN/m²。雪荷载大大超过设计承载能力是大跨轻钢结构倒塌的最直接原因。

2. 大跨轻钢结构安全储备偏低

随着计算机分析软件的不断进步，能够将钢结构构件受力大小分析得更精确，材料强度的利用率非常高。轻型钢结构往往比普通钢结构设计得更经济，超静定次数少，构件比较细长，截面相对较小，组成构件的板件宽而薄，容易发生失稳破坏。现行设计规范规定，混凝土材料系数取1.4，钢材取1.1左右，设计规范对钢材采用了相对较低的材料分项系数。从工程事故统计来看，钢结构倒塌破坏的数量比混凝土结构和砌体结构要多，安全储备相对偏低。轻型钢结构屋面的自重相对其他结构要轻得多，对风荷载更敏感，对超载的安全储备低，而且大跨度大空间建筑较多，破坏后果相对较大，对此类结构宜适当提高风雪荷载水平，以提高其在极端天气下的抗灾能力。

3. 围护结构和次要受力构件偏弱

围护结构和次要受力构件对主要承重构件的支撑作用非常重要，是结构整体性的有效组成部分。当前许多轻型钢结构建筑设计过于经济，屋面围护结构钢板薄、构件强度低、连接弱，连接处可能疲劳损伤，大风或过大雪荷载作用下屋面板和檩条容易破坏，并对屋面梁或屋架施加平面外荷载，从而导致屋面梁、屋架失去侧向支撑而失稳，造成屋面局部破坏甚至结构整体倒塌。因此，对轻型钢结构屋面应当合理选择压型钢板的板型，适当增加板厚，采用平面外刚度更强的型钢做檩条，或设加劲以提高其侧向刚度，加强屋架受压杆件和纵向支撑杆件，强化和完善屋面的构造措施。

4. 其他原因

导致大跨轻钢结构破坏的原因很多，除了灾害作用超过承载能力、大跨轻钢结构对风荷载敏感、安全储备相对偏低之外，设计不良、施工质量差、采用不合格建材、遭受火灾，构件发生腐蚀、变形或其他损伤，甚至不经正规设计、施工监理和验收就投入使用，或擅自改变设计、不按图施工，改变构件类型、连接方式，甚至取消某些支撑构件，结构的受力状态和整体性受到破坏，以及改变建筑用途或对进行结构改造前不经检测鉴定和设计，都可能酿成结构破坏的事故。

7.3　国内外研究现状和发展趋势

雪荷载的确定是一个十分复杂的问题。不同外形的建筑结构积雪分布系数差异很大，现行《建筑结构荷载规范》给出了常见体型建筑物的积雪分布系数。但对于复杂外形而言，积雪漂移系数需通过专门研究确定。尤其是在不同风速作用下的积雪效应是一种动态过程，静风条件下获得的积雪系数难以反映真实情况，由此造成结构设计阶段雪荷载估计的偏差，带来安全隐患。早在1976年，就有学者针对积雪漂移问题开展了研究工作，针对缩尺模型的试验要求提出建议。针对风洞试验中雪荷载模拟参数难以全部满足的问题，Kind进一步提出应当放松其中某些参数的要求，并对参数对于试验结果的不同影响进行了初步分析。Anno在一个截面为

0.8m×0.8m 的小型边界层风洞中进行吹雪模拟试验，并测量了不同条件下栅栏前后方的积雪分布情况。尤其指出风雪联合作用下的积雪漂移必须在湍流条件下进行，并讨论了影响试验结果的重要参数。之后，他介绍了将一个回流式风洞改造为吹雪风洞的经验。

各种积雪评估方法也由此逐渐建立起来。比较有代表性的是有限面积元雪荷载评估方法。其基本思路是测量建筑物不同区域的风速，然后结合气象资料，并根据积雪通量与风速之间的经验公式，给出不同区域的雪荷载分布。这种方法最大的优点是只需要进行风速测量就可以给出雪荷载分布的定量结果，但缺点是不够直观，而且并不能真正地研究风雪的相互作用过程。

之所以希望通过风速给出定量结果，主要原因是因为研究风雪联合作用下的积雪分布，粒子的选取是一个很大的问题。要选择能够满足相似参数的粒子是相当困难的。已有学者针对这一问题通过理论分析和试验手段进行了研究，但并未给出完全令人满意的结论。研究者一直没有中断对吹雪风洞试验相似参数的研究工作。与此同时，更加复杂的风力作用下的积雪夹带系数的实测、数值模拟和试验研究也开始引起关注，尤其是实测与试验结果的对比也越来越受到研究者的重视。

近年来，随着计算机水平的飞速发展和计算流体力学软件的商业化，通过数值模拟方法研究积雪漂移的研究工作也日渐增多。其基本思路是在空气运动的 N-S 方程基础上增加雪相方程进行两相流的计算来获得积雪漂移情况。由于两相流计算的复杂性，不断有研究者在原有基础上增加各种影响因素，力图获得更加接近实际情况的积雪漂移情况。国内也有学者利用 CFD 商业软件平台开展了积雪漂移的数值模拟研究。但数值模拟仍然还有许多问题有待深入研究。例如，虽然目前提出了很多模型，但缺乏对数值模拟预测结果的严格验证；如日本学者 Tominaga 指出，围绕钝体建筑模型附近积雪深度的定量验证研究还不足够。总体上，数值模型的精度还有待提高；如在风雪流研究先进的日本，发展的复杂的积雪模拟预测系统，在计算模型建筑附近雪漂移形态方面，雪深侵蚀减小量还是被低估。

总的来看，通过风洞试验和数值模拟技术研究风力作用下的积雪漂移，国外已经有一些研究工作，而国内相关研究还不多。尤其是直接服务于工程项目的雪荷载评估体系还没有完全建立。主要的问题在于雪荷载评估体系中的若干基础问题还未解决。而从目前国内的建设情况来看，在未来若干年内，需要进行雪荷载评估的建筑结构将越来越多。尽快开展这方面的基础研究工作，不但有现实的紧迫性，在理论上的重大进展也将对湍流条件下的多相流研究起到积极的推动作用。

第8章 雪荷载规范对比及相关研究

与欧美等发达国家或地区的规范进行对比，可以吸收他们的先进经验。为此，我们选取了美国 ASCE 规范 Minimum Design Loads for Buildings and Other Structures（ASCE/SEI 7-05）（简称 ASCE 规范）、加拿大国家建筑规范 National Building Code of Canada 2005（简称 NBC 规范）和 EU 规范 Eurocode 1 - Actions on Structures - Part 1-3：General actions - Snow loads（BS EN 1991-1-3：2003）（简称 EU 规范），与我国规范的雪荷载取值规定进行对比，为我国荷载规范的修订提供参考。

建筑结构的暴风雪灾害不同于地震等灾害，没有突发性，因此完全有可能从提升设计水平等方面着手，避免灾害的发生。目前我国在这一领域开展的基础性研究还非常不够，反映在工程设计标准上，相关条款还不够完善甚至不尽合理；因此，开展雪荷载评估的风洞试验与数值模拟研究，对提高复杂体型建筑结构雪荷载设计的科学性和安全性，以及为未来提升我国荷载规范的水平，具有显著的理论与实践意义。

8.1 国内外雪荷载规范对比

8.1.1 雪荷载的基本计算公式

我国规范、ASCE 规范、NBC 规范和 EU 规范的雪荷载基本计算公式分别如式（8-1）～式（8-4）所示。

$$s_K = m_r s_0 \tag{8-1}$$

$$P_s = 0.7 C_s C_e C_t I P_g \tag{8-2}$$

$$S = I_s [S_s (C_b C_w C_s C_a) + S_r] \tag{8-3}$$

$$S = \mu_i C_e C_t S_k \tag{8-4}$$

其中：s_K、P_s、S——屋面雪荷载；

s_0、P_g、S_s、S_k——基本雪压；

C_s——倾斜系数，反映屋面坡度的影响；

C_e——遮挡系数，反映周围环境对建筑的遮挡效应；

C_t——热力系数，反映建筑采暖情况的影响；

I_s——建筑重要性系数；

C_b——屋面雪荷载基本系数，除大跨度屋面有特殊规定外，一般情况
　　下均取 0.8；

C_w——风力系数；

μ_i——屋面形状系数；

S_r——50 年一遇的关联雨水荷载，不大于 S_s。$(C_b C_w C_s C_a)$。

可以看到，四本规范的基本计算公式的结构形式都是一样的，即屋面雪荷载等于基本雪压乘以一系列相关系数。但很明显，我国规范的计算公式是四本规范中最为简略的，其式中只包含一个系数（该系数主要反映屋面坡度的影响，与其他规范里的倾斜系数相当）。而其他三本规范所考虑的因素都比较多。以 ASCE 规范为例，它根据建筑物发生结构破坏时所造成后果的严重程度，将建筑物划分为 Ⅰ～Ⅳ 四个等级，分别赋予 0.8～1.2 不等的重要性系数。其次，根据建筑物所处环境的空旷程度不同，赋予 0.7～1.2 不等的遮挡系数。另外，建筑物的采暖情况，在其计算公式中也有所体现，对不同的建筑物，其采暖系数取值 0.85～1.2 不等。根据平时对生活的认识，我们不难理解这些系数的意义所在。但是，由于缺乏相应的基础研究工作，我国规范的雪荷载基本公式还停留在比较粗糙的阶段。调研采暖措施、环境空旷度等因素对屋面雪荷载的影响，将可能成为荷载规范修订工作的一个努力方向。

8.1.2　单坡屋面

对于坡度为 α 的单坡屋面，四本规范均只考虑均匀荷载的作用，而不考虑非均匀荷载。表 8-1 至表 8-4 是四本规范中主要参数的取值规定。ASCE 规范和 NBC 规范把屋面分光滑和非光滑两种，此处给出的只是对非光滑屋面的规定。

我国规范中 μ_r 与屋面坡度 α 的关系　　　表 8-1

α	$\leqslant 25°$	$(25°, 50°)$	$\geqslant 50°$
μ_r	1.0	$2 - \alpha/25$	0

ASCE 规范中 C_s 与屋面坡度 α 的关系（$C_t \leqslant 1.0$ 时）　　　表 8-2

α	$\leqslant 30°$	$(30°, 70°)$	$\geqslant 70°$
C_s	1.0	$7/4 - \alpha/40$	0

NBC 规范中 C_s、C_a 与屋面坡度 α 的关系　　　表 8-3

α	$\leqslant 30°$	$(30°, 70°)$	$\geqslant 70°$
C_s	1.0	$7/4 - \alpha/40$	0
C_a	1.0	1.0	1.0

EU 规范中 μ_i 与屋面坡度 α 的关系			表 8-4
α	$\leqslant 30°$	$(30°,60°)$	$\geqslant 60°$
μ_1	0.8	$0.8(60-\alpha)/30$	0
μ_2	$0.8+0.8\alpha/30$	1.6	—

注：μ_1 用于计算均匀荷载，μ_2 用于计算非均匀荷载。

若 ASCE 规范中的 C_e、C_t 与 I，NBC 规范中的 I_s、C_w，EU 规范中的 C_e、C_t 均假设为 1.0，NBC 规范中的 C_b 取 0.8，考虑屋面雪荷载与基本雪荷载的比值可以看到，我国规范在 $\alpha \leqslant 30°$ 时要明显大于、而在 $\alpha \geqslant 30°$ 时小于另外三本规范。另外，我国规范认为在屋面坡度大于等于 $50°$ 时，屋面雪荷载为 0，EU 规范认为这个临界坡度是 $60°$，ASCE 规范和 NBC 规范则认为是 $70°$。可见，在坡度多大时屋面可以免于雪荷载的问题上，ASCE 规范与 NBC 规范更为保守，EU 规范次之，而我国规范最为乐观。

8.1.3 双坡屋面

对于双坡屋面，四本规范均要求考虑非均匀荷载。而均匀荷载的计算方法与单坡屋面相同，故本小节只讨论非均匀荷载。以后各小节也将专注于非均匀荷载的对比。

我国规范对这种工况的计算方法非常简单，迎风面取 $0.75\mu_r$，背风面取 $1.25\mu_r$。EU 规范与此相似，迎风面取 $0.5\mu_1$，背风面取 μ_1。而 NBC 规范则规定迎风面为 0，背风面取 $1.0 \sim 1.25$ 倍均匀荷载不等，具体如表 8-5 所示。

ASCE 规范根据屋面平面尺寸的大小，将屋面分为 $W \leqslant 6.1\text{m}$（20ft）和 $W > 6.1\text{m}$ 两种。取值规定如图 8-1 所示；其中 L 为屋面升高 1 个单位时对应的水平方向上的长度，h_d 为堆雪高度（ft），γ 为积雪密度（pcf）。

NBC 规范中非均匀分布荷载的形状系数		表 8-5
α	$[15°,20°]$	$(20°,90°]$
C_a	$0.25+\alpha/20$	1.25

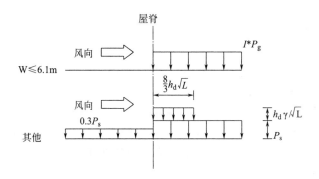

图 8-1 ASCE 规范中双坡屋面的雪荷载取值示意图

从上述对比可以看到，对于双坡屋面的非均匀分布积雪荷载，尽管四本规范的主要思想是一致的，都认为迎风面积雪荷载有所减小，而背风面则有所增加。但是，在具体到有多少积雪从迎风面转移到背风面及在背风面上如何重分布的问题上，四本规范却不尽相同。我国规范认为在风的作用下，原来均匀分布在迎风面上的积雪有 25% 被吹走，ASCE 规范、NBC规范和 EU 规范分别认为是 70%、100% 和 50%。显然，我国规范对风的作用的估计是最小的。在背风面上，除 ASCE 规范认为从迎风面吹来的积雪集中在靠近屋檐一定距离内的矩形范围内之外，其他三本规范都认为积雪是均匀分布的。

8.1.4 拱形屋面

对于拱形屋面，我国规范只考虑均匀分布的情况，雪荷载分布系数 $\mu_r = l/(8f)$ 且 $0.4 \leqslant \mu_r \leqslant 1.0$。同坡型屋面一样，当屋面切线角达到 50° 时雪荷载为 0。

ASCE 根据屋檐处的切线角不同，分为三种情况，若以 α_e 表示屋檐处的切线角，则这三种情况分别为 $\alpha_e < 30°$、$30° \leqslant \alpha_e \leqslant 70°$ 和 $\alpha_e > 70°$。图 8-2 给出了 $\alpha_e > 70°$ 时的取值情况。可以看到，ASCE 认为堆雪荷载在屋面切线角等于 30° 时取最大值，其峰值为 $2P_f C_s^{**}/C_e$，其中 C_s^{**} 是指屋面切线角为 30° 时对应的倾斜系数。此峰值约为平屋面雪荷载的两倍。

NBC 规范把拱形屋面也分为光滑和非光滑两种。如前所述，我们只讨论针对更具广泛性的非光滑屋面的规定。同 ASCE 规范一样，NBC 规范也认为雪荷载在屋面切线角等于 30° 时取得最大值，其值如图 8-3 所示。其中情况 Ⅱ 直接给定了峰值的具体数值，情况 Ⅲ 的峰值为地面雪荷载的两倍。

EU 规范的取值如图 8-4 所示，两个三角形的荷载峰值分别为 $0.5\mu_3$ 和 μ_3，其中 μ_3 的计算公式为：

当 $\beta > 60°$ 时，　$\mu_3 = 0$；

当 $\beta \leqslant 60°$ 时，$\mu_3 = 0.2 + 10h/b$，且 $\mu_3 \leqslant 2.0$。

其中 β 为屋面切线角，h 为矢高，b 为跨度。按常见矢跨比 $1/8 \sim 1/5$ 计算，其雪荷载峰值约为 $1.45 \sim 2$ 倍的基本雪压。

由以上对比可以看出我国规范明显不同于另外三本规范的地方：我国规范没有考虑非均匀分布的工况。对于非均匀分布的情况，ASCE 规范、NBC 规范和 EU 规范也不尽相同。ASCE 规范认为迎风面上雪荷载为 0，背风面荷载峰值出现在屋面切线角等于 30° 的地方。NBC 规范与之类似。而 EU 规范则认为迎风面和背风面都有三角形荷载，峰值出现在屋脊两侧各自中点处，迎风面的峰值是背风面峰值的 50%。另外一个区别是，正如前面已经提及的那样，我国规范认为屋面切线角达到 50° 时雪荷载为 0，ASCE 规范与 NBC 规范认为是 70°，而 EU 规范认为是 60°。

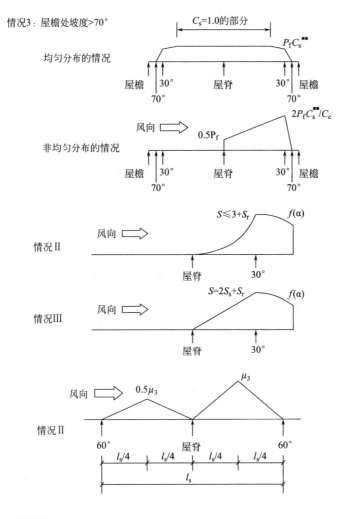

图 8-2　ASCE 规范中拱形屋面的雪荷载取值示意图

图 8-3　NBC 规范拱形屋面非均匀雪荷载取值示意图

图 8-4　EU 规范拱形屋面非均匀雪荷载取值示意图

8.1.5　高低屋面

　　我国规范在高低屋面中考虑了堆雪效应的影响，并假定堆雪荷载为矩形，高度为 $2.0s_0$，长度为 $a=2h$（且 $4\text{m} \leqslant a \leqslant 8\text{m}$），其中 h 为屋面高差（图 8-5）。在此范围之外，雪荷载分布系数均为 1.0。这些分布系数均与上层屋面的尺寸和形状无关，后面我们将会看到，这是我国规范有别于其他三本规范的地方之一。

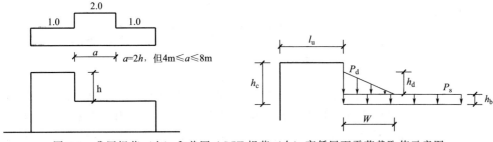

图 8-5　我国规范（左）和美国 ASCE 规范（右）高低屋面雪荷载取值示意图

ASCE 规范认为不管下层屋面处于上风向还是下风向，屋面雪荷载均受堆雪效应的影响，并假设堆雪荷载为三角形（图 8-5）。当下层屋面处于下风向时，有：

$$h_d = 0.43(l_u)^{1/3}(p_g + 10)^{1/4} - 1.5 \tag{8-5}$$

其中 h_d 为堆雪高度（ft），l_u 为上层屋面的宽度（ft）（当 $l_u < 25$ft 时取 $l_u = 25$ft）。当下层屋面处于迎风面时，堆雪高度取上式的 3/4，或将下层屋面的宽度代替上式的 l_u 进行计算（取两者中的较大值）。

对于堆雪长度 W 则有：当 $h_d \leqslant h_c$ 时，$W = 4h_d$；当 $h_d > h_c$ 时，$W = 4h_d^2/h_c$，且堆雪高度取 h_c。并且任何情况下均应满足 $W \leqslant 8h_c$，其中 h_c 为屋面高差（ft）。

NBC 规范根据上层屋面是平屋面还是坡屋面，分为两种情况，两种情况下堆雪荷载均为三角形。当上层屋面是平屋面时，峰值处的形状系数为 $C_a(0)$，并线性减小至 1.0。倾斜系数 C_s 则仍然按照表 8-3 进行计算。峰值 $C_a(0)$ 与堆雪长度 X_d 的计算方法如下：

$$C_a(0) = \max(h/C_bS_s, F/C_b) \tag{8-6}$$

$$X_d = \max[5(h - C_bS_s/\gamma), 5(S_s/\gamma)(F - C_b)] \tag{8-7}$$

$$F = \max[2, 0.35(\gamma l_c/S_s - 6(\gamma h_p/S_s)^2)^{0.5} + C_b \tag{8-8}$$

上述三式中，h 为屋面高差，h_p 为上层屋面的女儿墙高度，$l_c = 2w - w^2/l$ 为上层屋面的特征长度，w 为上层屋面宽度，l 为上层屋面长度。

当上层屋面是坡屋面时，在上述规定的基础上，还应增加一部分由于积雪滑落所引起的雪荷载。对于这部分荷载，NBC 规范规定取上层屋面朝向下层屋面这一侧积雪总量的一半，按照三角形分布在下层屋面上的堆雪影响范围内。

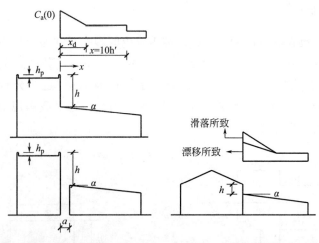

图 8-6　加拿大 NBC 规范高低屋面雪荷载取值示意图

EU 规范则规定，高低屋面中的上层屋面，根据其屋面形式按照相应的计算方法进行雪荷载计算。而对于下层屋面，其雪荷载形状系数在原有的 μ_1 的基础上，还应考虑堆雪效应的影响，EU 规范假定堆雪形状为三角形，长度为 $l_s = 2h$（5m$\leqslant l_s \leqslant$15m）。峰值处雪荷载形状系数为 $\mu_2 = \mu_s +$ μ_w，其中 μ_s 为考虑上层屋面积雪的滑落的形状系数，μ_w 为考虑风的作用的形状系数，各自的取值规定如下：

μ_s 的取值：当 $\alpha \leqslant 15°$ 时，$\mu_s = 0$；当 $\alpha > 15°$ 时，μ_s 等于上层屋面形状系数的一半。

μ_w 的取值：$\mu_w = (b_1 + b_2) / 2h \leqslant \gamma h / s_K$，$\gamma$ 可以取 2kN/m^2。

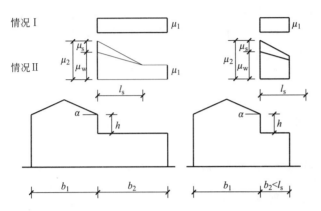

图 8-7　欧洲 EU 规范高低屋面雪荷载取值示意图

由以上对比可以看到，对于高低屋面，四本规范中只有我国规范对堆雪荷载取矩形，其他三本都是取三角形。而且我国规范中的堆雪荷载的分布系数要求取 2.0，而没有考虑上层屋面的大小、坡度等因素，另外三本规范则都考虑了上层屋面的影响；其中，NBC 规范和 EU 规范都将堆雪荷载分为风力所致和滑落所致两部分。

8.1.6　对比小结

通过对比，发现我国规范与 ASCE 规范、NBC 规范、EU 规范在雪荷载取值方面有以下主要差异：

1. 基本计算公式的参数过于简单。其他三本规范在确定屋面雪荷载时考虑了诸如环境遮挡、建筑采暖和建筑物的重要性程度等因素。调研这些因素对屋面雪荷载的影响，应成为我国今后的一个努力方向。

2. 考虑屋面雪荷载与基本雪荷载的比值可见，屋面坡度小于 30° 时，我国规范要明显大于另外三本规范，而在坡度大于 30° 时小于它们。我国规范认为屋面坡度小于 30° 时，屋面上的雪荷载等于当地的基本雪压。但由于受到风和其他相关因素的作用，屋面上的雪压要比地面上的小，这几乎已经成为共识。但如果想更改这方面的条款，还需要对我国建筑上的雪压做大量的实地测量与统计分析。

3. 我国规范认为屋面坡度达到 50° 时，就可以不用考虑雪荷载的作用。相比之下，EU 规范认为是 60°，而 ASCE 规范和 NBC 规范则认为是 70°，我国规范在这方面取值偏向不安全。初步建议将这一临界值提高到 60°。

4. 对于双坡屋面，我国规范在迎风面上的取值是最大的。鉴于四本规范对该屋面形式下的雪荷载取值规定差异较大，应开展相应的调查研究与模拟计算，以确定适合我国实际情况的取值规定。

5. 在四本规范中，只有我国规范没有考虑拱形屋面的非均匀分布荷载。从直观上来说，这是十分危险的。文献显示，拱形屋面上的堆雪效应是不可忽略的。因此我国规范的这一条款需要修订。

6. 对于高低屋面，我国规范假设堆雪荷载为矩形，其峰值为一确定的数值，而与上层屋面的尺寸、形状无关。这些假设均有别于其他三本规范。因此可以考虑将我国规范的堆雪荷载形状也修改成三角形荷载，并适当考虑上层屋面的影响。

8.2　雪荷载相关研究

8.2.1　雪荷载分布的研究方法与相似性

风致雪漂移现象

雪荷载对于结构设计有非常重要的意义。尤其是对寒冷多雪地区的轻型钢屋面等结构，雪荷载往往是其控制荷载，其取值的准确性对于实现安全、经济的结构设计十分关键。

尽管影响雪荷载取值的因素很多，但最为重要的仍是积雪分布系数。在不受其他条件影响的情况下，积雪落到地面上是均匀分布的。但当下雪伴随刮风时，就会在风力作用下产生风致雪漂移现象，从而造成屋盖或地面上积雪的不均匀分布。风致雪漂移可能导致屋盖局部区域积雪厚度远大于地面平均雪厚度，因此是产生较大雪荷载的重要原因。因此，为准确评估复杂建筑结构的雪荷载，开展风致雪漂移是其中最重要的技术环节。

风雪运动的基本过程按雪粒离开地面的程度有如下类别：

1) 在较低风速下，雪粒子所受的脉动风力超过了地面和雪粒之间的摩擦阻力，雪粒在地表滚动，通常称之为蠕移运动。

2) 风速稍高的情况下，雪粒子被风吹起，离开地面，称之为跃移运动。这也是在中等风速下，雪粒子的主要输运模式。

3) 在高风速下，雪粒子在空中漂浮不着陆，表现为雪粒的悬移运动。

此外，由于雪粒同时在可变雪质地表与空中运动，还存在雪粒与地表的复杂能量、动量交换的碰撞运动。

风致雪漂移的研究方法

由于风雪流是一种涉及固相和气相的两相湍流运动，很难通过求解运动方程获得解析解，因此主要通过现场实测、试验模拟及数值模拟三种方法开展研究。

1) 现场实测

现场实测是风雪运动研究中最为重要的基础性研究工作。许多学者通过现场实测对风雪运动的机理进行了研究，得到了不同条件下雪粒的临界速度，明确了不同风速条件下雪粒输运过程的主要模式，并得出了雪通量和摩阻速度之间的经验公式。近年来，还有一些对于室外建筑积雪堆积情况的实测资料。现场实测获得的数据为进一步研究风雪运动的机理和规律提供了研究基础和对比资料，而通过实测建立起的经验公式也为准确计算雪荷载提供了依据。

但是现场实测也存在较大局限性。首先是投资大、周期长，与试验模拟相比，现场实测要投入更多的人力物力，为了取得可供研究的数据需要更长的研究周期。其次，现场实测很难控制观测的外在条件。降雪量、风速风向等因素都无法加以控制和调节，因此除非长期观测，否则实测数据的适用范围将有很大局限性。最后，现场实测很难对复杂建筑结构的抗雪设计提供依据和指导。现场实测一般都是"后检验"，只能对建成的建筑进行观测，因此很难在结构设计前期为复杂体型建筑物提供取值依据。

2）试验模拟

目前研究积雪飘移的试验方法主要分两大类，一类是利用风洞试验进行研究，另一类则利用水槽进行研究。

风洞试验研究积雪漂移主要有两种方法。一种是利用介质模拟雪颗粒，通过风洞试验直接获得积雪分布；另一种则是首先获得屋面不同区域的风速分布，再结合经验公式，评判在特定的风速分布时积雪堆积的形态。第一种方法应用较为普遍，一般采用各种微小颗粒模拟雪粒子，在风洞中研究其跃移后的分布形式。第二种方法称之为有线面积单元法，其基本思路是将屋盖划分为若干面积单元，然后测量屋盖表面的风速，并结合风速与雪粒子的运动关系计算雪粒子的运动轨迹，最后得出积雪分布的时间变换历程。该方法虽然简便易行，但其结果的准确性依赖于经验公式的合理性。

水槽试验也是模拟风雪运动的常见方法。水槽试验的最大优点是形象直观，便于进行流动显示。尤其是拖曳式水槽，由于水本身是静止的，模型在拖车带动下运动。因此可实现试验介质的分层，以模拟不同的大气层结状态。

积雪漂移运动由于是典型的两相流运动，涉及的控制方程比较复杂，因此试验模拟时需要考虑的相似性条件较多。这也是这类试验至今尚未完全发展成熟的重要原因。

3）数值模拟

随着计算流体动力学的发展和计算机水平的飞速提高，数值模拟在工程上得到越来越广泛的应用。积雪漂移的数值模拟有不同的方法，但基本思路都是将控制方程（包括气相的 N-S 方程和雪相的浓度方程）离散化，再进行求解。由于 N-S 方程的高度非线性，直接求解对网格数量很大，计算量很大。因而一般基于雷诺平均方程并引入湍流模式进行计算。

积雪漂移的数值模拟与试验模拟，优点较为突出。首先是成本低廉、周期较短。数值模时不需要建立实体模型，也不需要采用粒子进行模拟，因此需要耗费的人力、物力都比试验模拟要节省。其次，积雪漂移的数值模拟是根据原型尺寸建立计算模型的，因此没有缩尺效应，不需要考虑相似性条件。最后，数值模拟的结果直观形象，便于进行后处理。

但数值模拟的缺点也是比较突出的。积雪漂移是湍流作用下的两相流运动。湍流作为世纪性难题，迄今尚未完全解决。而在数值模拟时，由于直接求解的 DNS 方法还不能满足工程中计算量的需要，因此一般是基于雷诺平均方程、引入湍流模型进行计算。湍流模型及其参数都是根据试验数据得到的，其适用范围有限，计算的准确程度还不能完全确定。

风致雪漂移试验模拟的相似性条件

风致积雪漂移试验是在风洞或水槽中进行的缩尺模型试验。为准确再现实际条件下的积雪分布，试验模拟的关键问题是要满足相似性要求。需要考虑以下几方面的因素：

1）大气边界层风场的相似性

风致雪漂移是在风力作用下的物理现象。空气流动不但是激发雪粒子运动的动力来源，还是维持雪粒子形成稳定运动形态的能量来源；而且空气绕经建筑物引起的流动分离、旋涡脱落等流动现象对雪粒子的运动方向和速度大小也有重要影响。因此流场的相似性是保证风雪运动模拟准确性的重要前提。

边界层风场的相似性要求一般包括平均风速剖面、湍流度和积分尺度等参数的模拟。而分离区和脱落旋涡尺度在来流相似、几何相似且雷诺数自准的前提下，可自动满足相似性条件。

2）表面粒子运动的相似性

雪粒子的初始运动发生的条件是表面剪切应力超过了雪粒子的回复力（与重力成正比）。因此该相似性条件表现为密度 Froude 数的相似性，即

$$\frac{\rho u_{*t}^2}{(\rho_s - \rho)gd} = const \tag{8-9}$$

其中 ρ、ρ_s、u_{*t}、d 和 g 分别是流体密度、雪粒子密度、临界摩擦速度、粒子特征尺寸和重力加速度。由于在试验模拟时，模型整体缩尺比远远小于粒子缩尺比，因此要满足式（8-9）的相似性是十分困难的。往往换用基于整体尺寸的密度 Froude 数的相似性来代替，同时补充摩擦速度的相似性要求，即

$$\frac{\rho u_{*t}^2}{(\rho_s - \rho)gL} = const \tag{8-10}$$

$$\frac{u_*}{u_{*t}} = const \quad \text{or} \quad \frac{U}{U_t} \tag{8-11}$$

其中 u_*、U、U_t 和 L 分别是摩擦速度、来流特征速度、维持表面粒子运动的来流速度以及整体特征尺度。

由于表面粒子是在风力作用下产生运动的，因此流体运动的 Reynolds 数也应加以考虑。对于风雪流而言，应采用有效粗糙高度来计算 Re 数。根据能量守恒的基本原理，可得出跃移层的有效粗糙高度与地面摩擦速度的平方成正比，即

$$h \propto \frac{u_*^2}{2g} \tag{8-12}$$

研究表明，只要 Re 数大于 30，就可以满足表面雪粒子运动相似性，即试验应当满足

$$\frac{u_*^3}{2g\nu} > 30 \tag{8-13}$$

当根据雪粒子的临界摩擦速度计算的 Re 数大于 30 时，上式将自动满足（因为摩擦速度低于临界值时，将不会产生积雪漂移现象）。

由 Froude 的相似性可知：

$$u_{*t} \propto \sqrt{L} \tag{8-14}$$

从而

$$\frac{u_{*t}^3}{2g\nu} \propto L^{3/2} \tag{8-15}$$

真实条件下的积雪漂移，其临界摩擦速度约为 0.15m/s，对应雷诺数约为 12。因此试验模拟时，如果要满足 Froude 数，则摩擦速度将远较低，导致雷诺数将无法满足；反之则若提高来流的摩擦速度以满足式（8-13），则无法满足 Froude 数的相似性。已有研究表明，对于研究积雪漂移形态的试验来说，采用较重的粒子进行试验（密度比大于 600），放松 Froude 数的相似性要求不会导致模拟结果产生很大误差。

3）空中运动粒子的相似性

粒子一旦从表面被激发进入跃移状态，就需要重点考虑气动力、重力和惯性力的相似性。重力和流体作用力的相似性可表示为

$$\frac{W_f}{U} = const \tag{8-16}$$

其中 W_f 为粒子最终沉降速度。当惯性力可忽略时，式（8-16）可保证粒子整体运动轨迹相似。粒子惯性力和重力的相似性可表示为

$$\frac{\rho_s U^2}{(\rho_s - \rho)gd} = const \tag{8-17}$$

当粒子密度远大于流体密度时，上式实际上就是 Froude 数的相似性。上文已经提及，在大多数缩尺模型试验中，粒子特征尺度缩尺比远大于整体模型缩尺比。因此 Froude 数也基于整体尺寸计算，即

$$\frac{U^2}{gL} = const \qquad (8-18)$$

但应注意的是，由于试验模拟时的粒子有所夸大，试验中很难捕捉到积雪分布较快速的时空变化过程。

4）粒子惯性力和流体惯性力的相似性

该相似性可表示为

$$\frac{\rho_S}{\rho} = const \qquad (8-19)$$

通常这一相似性可不考虑。但为避免流体浮力对试验结果产生重大影响，采用相对较重的粒子可获得更好的试验结果（密度比大于 600）。

与粒子直径夸大造成的后果类似，密度比的夸大也将改变在流动快速变化区域粒子的运动轨迹。对于稳定状态的漂移而言，密度比重要性较低；而对于模拟建筑物周边积雪沉降而言，密度比的重要性则较高。

8.2.2 大型拖曳式水槽

拖曳式水槽的用途

拖曳式水槽是流体力学基础实验的非标准设备，其原理是利用静止的水模拟大气环境，将地形或建筑群模型浸入静止的水中。借助拖车带动模型，使模型与水发生相对运动，从而模拟出低速风在地形或建筑群中流动的状态。

由于试验介质水是静止的，所以有条件采用盐水进行密度分层，从而模拟出大气从地面到高空的温度变化，以及空气密度变化。用彩液模拟环境中的污染源放置在模型上，通过拖车带动模型在分层的盐水中匀速移动，拖车上的摄录系统即可采集到模型中污染源的全部扩散过程，可以获取风的加速区或回流区的流态。再改换模型角度来模拟不同来流风向，并根据采集的不同的实况录像进行分析对比，即可对模型当地的环境条件作出科学准确的评估。

在雪荷载的试验模拟中，了解流动形态对分析风致雪漂移的发生机理和影响因素十分重要。而拖曳式水槽与风洞相比，在进行流动显示方面具有明显优势。主要原因是水的密度远远大于空气，因此在水中进行试验时，示踪粒子具有更大的选择范围。因此常见的彩液示踪法、氢气泡法、电解沉淀质法等流动显示方法都只能在水中进行。

此外，拖曳式水槽也可进行风致雪漂移的模拟试验。用水槽进行这类试验的优点是直观形象，但缺点是满足相似性存在较大困难。

简而言之，建设大型拖曳式水槽可满足多方面的流体力学试验需要。主要包括：

1）可模拟不同的大气层结状态，研究各种大气状态对污染扩散的影响；

2）可进行各种流动显示试验，揭示流动结构对质量迁移的影响；

3）可进行积雪漂移的模拟试验。

拖曳式水槽的设计要点

根据拖曳式水槽的功能要求，其设计要点包括以下内容：

1）拖曳式水槽即水槽中介质是静止的，而模型是运动的，从而产生相对运动，观察流动形态。因此要求拖带模型的拖车运动速度平稳、匀速，不应出现间停、摆动或振动现象。

2）由于拖槽中介质是静止的，因此有条件用盐水进行密度分层。在研究各种大气层结状态下，质量扩散迁移的科研工作中，拖曳式水槽是最经济、最具有物理显示能力的设备，是大气扩散研究工作中集国内外研究工作中最成功的模拟设备。

3）盐水分层是一项专门实验技术，可采用双罐法实现，在操作系统的运作中，应具有较高的自动化程度，以确保分层的准确性。

4）在拖车上需固定不同方向的摄、录像采集系统，以取得实验中不同方向的流态。该系统配置应保证一定的自由度。拖槽中的定量测量可采用热膜风速计、热膜探针等测量仪器，可测量水槽中任一点的速度和湍流度值。此外拖车上还可配备 PIV 粒子测速系统使用的光源和摄像头，可获取速度场的定量结果。

5）配备不同流动显示装置，比较常用的如彩液示踪装置、氢气泡发生器、电解沉淀发生器等。

6）水槽实验中因为主要观测手段是摄录像，所以对光源有一定要求，需有一套合理配置。

拖曳式水槽由四大部分组成，分别为玻璃水槽系统、拖车系统、水罐及上下水系统、照明和摄录系统。图 8-8 为中国建筑科学研究院风洞实验室的拖拽式水槽。图 8-9 为此拖拽式水槽的组成。

图 8-8　拖曳式水槽（中国建筑科学研究院风洞实验室）

a.玻璃水槽系统

b.拖车系统

c.清水罐与盐水罐联通蝶阀

d.罐体

e.水罐自动控制系统

f.背景灯光照明及幕布

g.顶部网络摄像机

h.水槽端部监视器

图 8-9　拖曳式水槽的组成（中国建筑科学研究院风洞实验室）

8.2.3 雪荷载分布的风洞和水槽模拟试验研究

模拟介质和试验模型

如 8.2.1 节所述，对于缩尺模型试验而言，Froude 数和 Re 数一般很难同时得到满足。对于风雪模拟试验来说，以满足摩擦速度雷诺数大于 30 为优先。但仍需考虑沉降速度和临界摩擦速度的比例关系。由式（8-10）、式（8-16）和式（8-17）可知：

$$\frac{W_f}{u_{*t}} = const \tag{8-20}$$

因此应选择沉降速度和临界摩擦速度比值与雪粒子一致的介质。

球形颗粒的空气阻力系数在不同 Re 数条件下均有理论计算和测量数据可供参考，因此可根据空气阻力和重力相等的条件，得出不同直径和比重的颗粒的最终沉降速度。粒子的临界摩擦速度可以通过试验测量获得。

实际上，由于自然环境下雪颗粒与温度、湿度、日照以及积雪时间等条件都有关，真实雪颗粒的物理属性也在较大范围变化，因此介质的选取具有较高的自由度。

为对比不同材质颗粒对模拟试验的影响，选择了 5 种不同颗粒进行试验，其基本物理特性参数如表 8-6 所示（同时还给出了天然雪的物理参数变化范围）。

模拟介质的物理特性　　　　　　　　　　　　表 8-6

参数	天然雪	铁砂	硅砂	盐	小苏打	塑料末
平均直径(mm)	0.1～0.5	0.2	0.2	0.4	0.1	0.6
比重	0.1～0.9	3.0	1.9	1.8	1.3	0.7
临界摩擦速度 u_{*t}(m/s)	0.1～0.8	0.29	0.27	0.25	0.15	0.18
沉降速度 W_f(m/s)	0.3～0.8	2.2	1.2	1.5	0.3	1.0
W_f/u_{*t}	2.5～6.0	7.5	4.5	6.0	2.0	5.5

表 8-6 中，天然雪的沉降速度与临界摩擦速度之比变化范围在 2.5～6.0，与雪的沉积时间等因素有关。在常年积雪的区域，由于雪层终年不化，结构密实，雪颗粒的密度较高，沉降速度与临界摩擦速度之比一般较低；而对于较为疏松的积雪，速度比值则较高。

根据表中所列，硅砂、盐和塑料末的沉降速度和临界摩擦速度之比均在合理范围；而铁砂的沉降速度相对较高，不利于质量迁移；小苏打由于颗粒直径非常小，运动过程的 Re 数很低、阻力系数较高，因此沉降速度很低。

从相似性条件分析，若不考虑 Froude 数的相似性，则硅砂、盐和塑料末均可满足相似性要求。而小苏打随超过了天然雪的相似性要求范围，但其堆积形态可定性反映较为密实的积雪飘移情况。

根据规范对比情况和常见建筑型式，共选取了 5 种典型的风洞试验模型进行试验，如图 8-10 所示，其中平屋面进行了有女儿墙和无女儿墙两种情况的试验。按照常见外形，模型的几何缩尺比为 1：60，风速则根据临界摩擦速度取不同值，速度缩尺比维持在 1：1 左右，大致对应实际条件下的四级风；因此时间缩尺比大致为 60：1，即风洞中进行 1min 的试验相当于原型时间 1h。颗粒厚度统一设置为 6mm，对应原型 30cm 的积雪深度；大致相当于中国荷载规范中的 $0.40\sim0.60\text{kN/m}^2$ 的基本雪压。

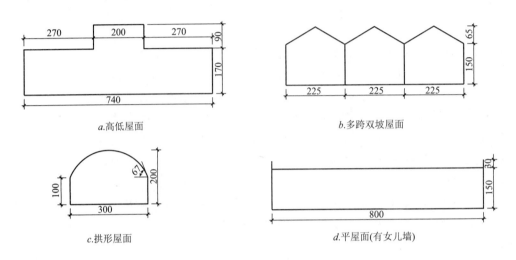

a.高低屋面　　　　　　　　　　　　　b.多跨双坡屋面

c.拱形屋面　　　　　　　　　　　　　d.平屋面(有女儿墙)

图 8-10　风洞试验模型

高低屋面积雪漂移的动力学过程

高低屋面是一种很典型的建筑型式。以下根据塑料末的模拟试验结果描述其表面积雪漂移的动力学过程。以下时间均已换算为原型。

1）初始阶段 $t=0$

图 8-11　试验初
　　　始阶段

a. 铺洒颗粒　　　　　　　　　　　b. 均匀分布

在试验开始之前，首先用网筛将颗粒均匀铺洒在屋面上。再用木板将表面找平，然后用游标卡尺测量不同区域的厚度，以达到厚度一致的目的。

2）积雪漂移的动力学过程（风向由左至右）

t=1h

t=7h

t=10h

t=12h

t=24h

t=35h

t=43h

t=53h

图 8-12　积雪分布随时间的变化

当风速超过临界风速后，表面颗粒发生蠕移，并在脉动风的作用下发生竖向运动。最先发生明显运动的区域，是高屋面的两个迎风尖角以及高低屋面相接的边缘区域（图 8-12-t＝1h 分布图）。这两个区域首先发生积雪脱落都是因为强烈涡旋的作用。高屋面尖角是由于锥形涡的作用，而交接区则是马蹄涡的作用。这两类涡结构的成因有所不同，其基本形态的示意图参见图 8-13。

由于涡旋方向不同，导致这两处雪粒子运动方向也有所不同。高屋面尖角处的雪粒子顺着风向、向外运动；而交接区的雪粒子则随着马蹄涡逆风向到了屋面边缘才向后运动。

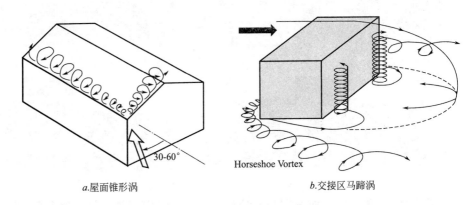

a.屋面锥形涡　　　　　　　　　　　b.交接区马蹄涡

图 8-13　三维涡结构示意图

除此之外，其他涡旋较强或局部风速较高的区域仍然有雪粒子在运动。在高屋面的前半部分，雪粒子也逐渐减少，其运动方向与高屋面前缘回流区的方向一致。前缘涡的示意图如图 8-14。由图 8-12-t＝7h 可以看出，在回流区涡旋运动作用下，雪粒子不断逆风向向前运动，并被前缘加速流动吹起向后运动，前方积雪逐渐被掏空（图 8-12-t＝10h，12h，24h）直到完全消失。

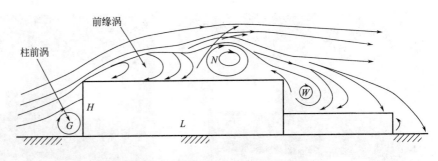

图 8-14　高低屋面二维涡结构示意图

与此类似，迎风低屋面与墙面交接线也在柱前涡的作用下不断被侵蚀

（图 8-12-t＝35h，43h，53h）并逐渐被完全掏空。

　　3）高低屋面积雪全部飘落后的积雪形态

图 8-15　高屋面积雪全部滑落后的积雪形态（t＝84h）

　　要经过高达 84h，高屋面的积雪才会全部被吹掉，最终的形态如图 8-15 所示。从俯视图还可以发现，下风向低屋面边缘部分也有部分积雪飘落。

　　风洞试验表明，在一般风力作用下，要长达数天高屋面积雪才会全部被吹落并最终形成屋面积雪的不均匀堆积。

　　高低屋面积雪堆积形态

　　1）塑料末、硅砂和盐的堆积形态

　　如前所述，5 种介质中，塑料末、硅砂和盐的 $W_{\mathrm{f}}/u_{*\mathrm{t}}$ 相似参数与天然雪吻合较好。因此这 3 种介质均持续进行试验，一直到高屋面的积雪全部飘落。塑料末、硅砂和盐达到全部飘落所需时间分别为（对应到原型）84h、72h 和 91h。高屋面吹蚀时间大致和 $W_{\mathrm{f}}/u_{*\mathrm{t}}$ 成正比。硅砂和盐粒的最终分布形态如图 8-16。

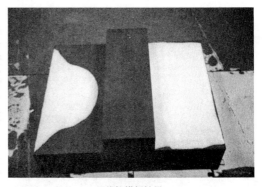

a.硅砂模拟结果　　　　　　　　　　　　　　　b.盐粒模拟结果

图 8-16　硅砂与盐粒的堆积形态

对比图 8-16 和图 8-15 可发现，这 3 种模拟介质形成的堆积形态较为相似。但盐粒的上风向低屋面受柱前涡侵蚀最少，塑料末次之，硅砂侵蚀程度最严重。侵蚀程度与 W_f/u_{*t} 的大小反序。

图 8-17　不同粒子模拟得到的堆积厚度（初始厚度 6mm）

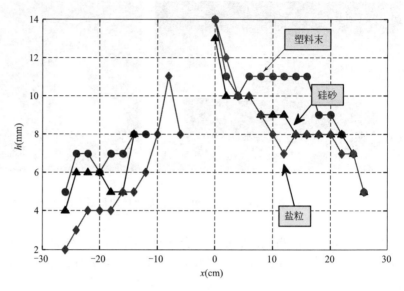

图 8-17 给出了屋面中心线上的颗粒堆积厚度。其中负轴方向为上风向屋面，0 点在高屋面与低屋面交界线上；正轴方向则为下风向屋面，0 点也在高低屋面的交界线上。

在上风向屋面中心线上，塑料末与硅砂的堆积厚度类似：除了完全侵蚀部分，屋面其余部分的堆积较为均匀。而盐粒则在被侵蚀部分的边缘形成明显的局部堆积。下风向的中心线上，盐粒与硅砂的堆积形态较为接近，堆积厚度线性下降；而塑料末则大致形成了两层均匀厚度的堆积形态。

2）小苏打和铁砂的堆积形态

如前所述，铁砂和小苏打的 W_f/u_{*t} 相似参数与天然雪差异较大。因此这两种颗粒的试验未持续到高屋面积雪完全脱落。

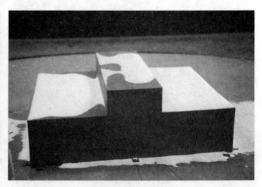

*a.*小苏打模拟结果　　　　　　　　　　*b.*盐粒模拟结果

图 8-18　小苏打与盐粒在 $t=40$h 模拟结果的比较

图 8-18 给出了小苏打与盐粒在 $t=40\text{h}$ 时的积雪形态对比。由图可见，二者的堆积形态完全不同。

实际上，与其他粒子从尖角部分开始发生飘落不同，小苏打是从低屋面和高屋面的前缘渐次飘落。

图 8-19 给出了小苏打和铁砂被侵蚀的局部形态照片，其被侵蚀边缘并不光滑，与铁砂的侵蚀边缘形成了鲜明对比。可以推测，由于小苏打的 W_f/u_{*t} 比值较低，导致其一旦被激发就会直接进入悬移状态，漂移的距离会比较长。而 W_f/u_{*t} 比值较高的粒子，则会先从蠕移进入跃移状态，并在被侵蚀边缘形成光滑曲线。

尽管小苏打形成的积雪堆积形态与大部分地区的天然雪差异较大；但因其 W_f/u_{*t} 比值与经年密实积雪相近，因此其堆积形态定性地反映了密实积雪的漂移过程。

图 8-20 给出了 $t=40\text{h}$ 铁砂的堆积形态。其堆积形态定性来看，仍与盐粒等相似，而和小苏打不同。区别有两处，一是高屋面的侵蚀与其他 3 种粒子不同，前方完全飘落后是从后方两个尖角继续被侵蚀；二是上风向高低屋面交接处的粒子尚未被吹走。

a.小苏打

b.铁砂

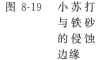

图 8-19　小苏打与铁砂的侵蚀边缘

图 8-20　铁砂在 $t=40\text{h}$ 的堆积形态

其他屋面积雪堆积形态

由于 3 种粒子形成的堆积形态大同小异，因此后面主要给出盐粒的试验结果。

1）多跨双坡屋面

a. t=0   *b. t*=10h

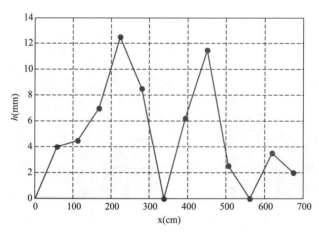

c. t=10h时中心线积雪堆积厚度(初始厚度6mm)

图 8-21   多跨双坡屋面积雪分布

多跨双坡屋面的积雪极易滑落到两跨屋面相接处形成堆积。试验发现，在用网筛均匀铺设颗粒时，就有部分颗粒从屋面滑落到交接区，需人为将厚度找平后再进行试验。

在 *t*=10h 时，屋面积雪形态已经发生明显变化，因此停止吹风。由图 8-21*b* 可见，在风力作用下，屋面积雪向交接区堆积形成较厚雪层。图 8-21*c* 的结果表明交接区的雪厚度可达初始厚度的 2 倍。

2）拱形屋面

拱形屋面的风洞试验表明，在原来给定的风速下吹风，积雪基本不会发生滑落，表明局部摩擦速度未到达临界值。这也说明积雪分布与结构的外形和流动形态有密切联系。

试验前均匀铺洒粒子的过程表明，盐粒在切角约 50°左右即发生滑落；而小苏打则在切角 60°左右才发生滑落（图 8-22）。可以想见，不同类型的天然雪也会存在这种初始滑落角度各不相同的现象。

a.盐粒　　　　　　　　　　　　b.小苏打

图 8-22　拱形屋面积雪分布

3）平屋面

分别对有无女儿墙的两种平屋面进行了风雪漂移试验。试验结果表明两种屋面的积雪分布形式完全不同。

无女儿墙时，积雪仍从前缘边角开始飘落，然后逐渐扩大到整个前缘和两个边缘。从流动形态上分析，主要是受到前缘涡和锥形涡的作用。

有女儿墙时，前缘涡的位置被抬高，相应侵蚀的位置也后移。被前缘涡带起的颗粒向前运动，在前缘女儿墙后方形成堆积。

有无女儿墙的平屋面中心线上积雪厚度如图 8-23e）所示。无女儿墙时，屋面前 1/4 的区域积雪会变薄；而中间区域则相应变厚。有女儿墙时，后方积雪不断被卷吸到女儿墙附近形成堆积。

水槽试验

在水槽进行了密度分层试验，模拟了稳定大气层结状态。并采用先放半池清水，再在其上释放半层盐水的方法，模拟了逆温层的大气状态。三种不同大气层结状态下，污染扩散的图像有很大不同，如图 8-24 所示。

1）中性层结条件下，污染物随风向下风向移动，当遇到山峰阻碍时会跟随来流越过山峰继续流动；

2）稳定层结状态下，由于底层空气密度高于上层空气密度，因此当污染物遇到山峰阻碍时很难越过，而从山峰两侧的峡谷中向下游运动，从而产生所谓"三维流动的二维性"这种特殊的流动现象；

3）逆温层是不稳定层结，底层污染物很容易向高空扩散。与中性层结状态下不同，污染物并不会完全随风向下游运动。

*a.*女儿墙*t*=2h

*b.*无女儿墙*t*=50h

*c.*有女儿墙*t*=2h

*d.*有女儿墙*t*=2h

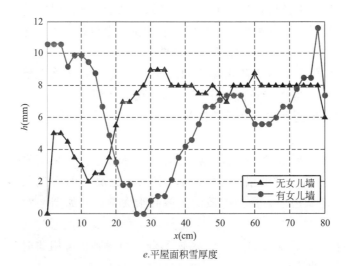

*e.*平屋面积雪厚度

图 8-23　平屋面积雪分布

　　在水槽中模拟了无女儿墙平屋面的积雪模拟情况，如图 8-25 所示。其基本分布形态与风洞试验相仿，但更多颗粒沉积在前缘部分。

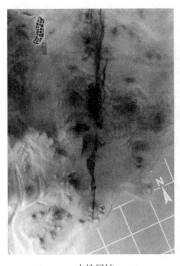
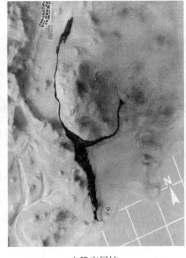
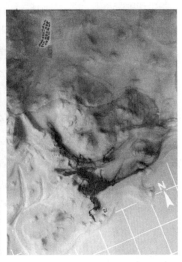

a.中性层结   b.稳定层结   c.逆温层

图 8-24 不同层结状态下的污染物扩散

图 8-25 无女儿墙平屋面前缘积雪漂移

8.2.4 雪荷载分布的数值模拟研究

研究背景

20 世纪 90 年代以来，随着计算机技术的高速发展，计算流体动力学数值模拟（CFD）技术也取得了长足进步，并且越来越多地应用于风工程的研究之中。数值模拟与传统的风洞试验相比，有很多优点：a）可以按 1:1 比例进行建模，避免了模型尺度原因带来的复杂相似关系问题；b）相对来说周期短、效率高；c）计算结果比较直观，积雪的分布形态、积雪堆积漂移运动与流场的关系等图像可以用来研究分析风雪运动的机理问题。数值模拟也有很多自身问题，如可调节参数很多、两相流模型与湍流模型的适用性等，都会对结果产生巨大影响，数值模拟的结果还需要实地观测和风洞试验进行验证。

国际上，1993 年 Sato 采用有限体积法对风雪运动进行了数值模拟，利用普朗特混合长度理论模拟了湍流。1998 年 Sundbo 在悬移层雪相浓度控制方程中考虑了空气相的湍流黏性系数对雪粒运动的影响。2004 年 Al-hajraf 在跃移层和悬移层的雪相浓度控制方程中采用了不同的源项来模拟雪相的运动。2004 年 Beyers 在前人基础上考虑了更多的影响因素，以较准确地重现风雪运动中雪粒绕一个立方体的运动过程。在速度入口边界中，对跃移层、悬移层的雪浓度采用了不同的经验公式。另外，在国际上的工程应用领域，UWO 的质量平衡方法和 RWDI 的 FAE 方法又采用了不同于上述理论的方法，两种工程算法都不能考虑屋面已有的积雪会影响到新雪的堆积形态，以及屋面上已堆积雪的漂移。

近年来，国内的风雪运动数值模拟取得了很大进步，与国外类似，国内研究通常也基于通用流体力学计算软件进行研究，应用 Fluent 软件的居多。同济大学周晅毅等率先建立了基于欧拉—欧拉方法的数值模拟平台，基于计算流体力学软件 Fluent 进行了二次开发，计算风力作用下积雪运动后北京机场 T3 航站楼屋盖表面的雪压分布，并对雪荷载改变量及雪压分布规律进行了分析。哈尔滨工业大学莫华美等基于 Fluent 采用了 Mixture 的多相流模型，并假设雪相和空气相之间没有滑移速度，计算了防风栏及几种简单几何形状屋盖的二维风雪混合运动问题。

由此可见，国内外学者在雪荷载分布数值模拟工作已经取得了一些成果，但是，其精度与工程应用的要求还有差距，并且复杂的变量参数取值也不适于开展复杂建筑结构雪荷载研究，与工程应用的快速、简洁要求差距甚远。

雪荷载分布数值模拟的理论研究

雪荷载分布涉及空气—雪颗粒两相间的动量交换、热量交换等相互作用，雪颗粒与空气湍流之间的相互影响，以及两相湍流之间的相互作用问题等，由于两相湍流理论研究还不成熟，其物理模型、湍流模型不甚清楚，因此无法得到很好的解释。

以下介绍两种不同理论的方法，一种是自带 VOF 模型方法，一种是基于欧拉—欧拉方法的 UDF 开发方法，并对两种方法的优缺点进行分析。两种方法均基于通用计算流体力学计算软件 Fluent，因此首先对计算流体动力学的相关理论进行阐述。

流体运动控制方程

大气边界层内的建筑物绕流为三维黏性不可压流动，控制方程包括连续方程和雷诺方程。时均化不可压缩定常流动方程如下：

$$\frac{\partial u_i}{\partial x_i} = 0 \tag{8-21}$$

$$\rho \frac{\partial (u_i u_j)}{\partial x_j} = -\frac{\partial p}{\partial x_i} + \frac{\partial}{\partial x_j}\left(\mu \frac{\partial u_i}{\partial x_j} - \rho \overline{u_i' u_j'} \right) \tag{8-22}$$

式中的 $-\rho\,\overline{u_i'u_j'}$ 为 Reynolds 应力，包括 3 个正应力和 3 个切应力，即新添了 6 个未知量，方程组不封闭，因此必须引入湍流模型封闭方程组。

除此之外，还有能量方程和组分输运方程通用形式如下：

$$\rho\,\frac{\partial\,(u_i\phi)}{\partial x_j}=\frac{\partial}{\partial x_j}\left(\Gamma\,\frac{\partial\phi}{\partial x_j}-\rho\,\overline{u_j'\phi}\right)+S \tag{8-23}$$

湍流模型

湍流是自然界中广泛存在的流动现象，湍流流动是由不同尺度的湍流涡叠合而成，这些涡的大小和旋转方向都是随机的。其中，大尺度的涡是引起流场变量发生低频脉动的原因，而小尺度的涡则是引起流动发生高频脉动的原因。由于边界的扰动等，流动会不断地形成大涡，大涡不断地从流动中获得能量，破裂后形成小尺度的涡，从而将能量不断地向小涡进行传递，最后由于流体黏性的作用，小涡不断消失，能量就转化为了流体的热能。如此往复，形成了湍流流动。因此，脉动是湍流的一个最重要的特点，这种脉动现象的存在，使湍流成为一种高度非线性的复杂流动。湍流数值模拟方法就是为了考虑流体的脉动现象提出来的。

总体来说，湍流的数值模拟方法可以分为直接数值模拟和非直接数值模拟两种。所谓直接数值模拟（DNS），就是直接对瞬时的动量方程（N-S 方程）进行求解而无须其他任何简化或者近似。这种方法能够得到较为精确的结果，但是由于湍流运动的复杂性，直接数值模拟需要非常小的时间步长和非常精细的空间网格尺寸，以有效地分辨出湍流中的空间结构和时间特性；因此，DNS 方法对计算机内存和计算速度有非常高的要求，在目前的软硬件条件下，还无法将其应用于工程计算。目前的工程计算一般都是采用非直接数值模拟方法，表 8-7 对常用的一些湍流模型进行了对比。

湍流模型对比　　　　　　　　　　　　　　　表 8-7

模型		优点	缺点	适用性
雷诺时均法 RANS	Spalart-Allmaras	一方程、计算效率高	复杂流动表现较差	较差
	标准 k-ε 模型	二方程	逆压梯度计算有问题	一般
	RNGk-ε 模型	考虑了湍流各向异性	对钝体分离强度模拟不足	较好
	Realizable k-ε 模型	边界层分离、回流等复杂流动中表现好	流动分离后湍流耗散较快	好
	标准 k-ω 模型	考虑了低雷诺数影响	在分离流动表现一般	一般
	SST k-ω 模型	近壁区 k-ω 模型、自由流区 k-ε 模型	Fluent 中不是长项，一些优化参数不如 CFX	好
	RSM	数学上较完美、方程多、考虑湍流各向异性	假设多、精度有时反而低方程多、计算用时长	一般

续表

模型	优点	缺点	适用性
大涡模拟 LES	精度高	计算量太大、复杂工程上还不适用	目前不适用
分离涡模拟 DES	结合 LES 和 RANS，以便于工程应用	对风工程而言，复杂工程上还不适用	目前不适用
直接模拟 DNS	精度最高	计算量远超出大涡模拟 LES、工程上还不适用	目前不适用

　　Fluent 软件包含丰富而先进的物理模型，使得用户能够精确地模拟无粘流、层流、湍流。湍流模型包含 Spalart-Allmaras 模型、k-ε 模型组、雷诺应力模型（RSM）组、大涡模拟模型（LES）组以及最新的分离涡模拟（DES）和 V2-F 模型等。另外，用户还可以定制或添加自己的湍流模型。

　　湍流模型的选取关系到数值模拟结果的准确性和精度，由于目前还没有普适性的湍流模型，因此湍流模型的选取仍是风工程界讨论的热点。风工程问题往往是和大气湍流、钝体绕流等复杂流动联系在一起的。在这样的问题中，流动会产生分离、回流、再附、涡的脱落和卷并等复杂力学行为。

　　多相流模型

　　积雪漂移问题属于两相流问题，具体到 Fluent 软件，计算多相流问题一般有两种方法。

　　第一种是欧拉-拉格朗日方法。在 Fluent 中的拉格朗日离散相模型遵循欧拉-拉格朗日方法。流体相被处理为连续相，直接求解时均纳维—斯托克斯方程，而离散相是通过计算流场中大量的粒子、气泡或是液滴的运动得到的。离散相和流体相之间可以有动量、质量和能量的交换。

　　该模型的一个基本假设是，作为离散的第二相的体积比率应很低，即便如此，较大的质量加载率仍能满足。粒子或液滴运行轨迹的计算是独立的，它们被安排在流相计算的指定的间隙完成。这样的处理能较好地符合喷雾干燥、煤和液体燃料燃烧和一些粒子负载流动，但是不适用于流—流混合物、流化床和其他第二相体积率不容忽略的情形。

　　第二种是欧拉-欧拉方法。在欧拉-欧拉方法中，不同的相被处理成互相贯穿的连续介质。由于一种相所占的体积无法再被其他相占有，故此引入相体积率（phasic volume fraction）的概念。体积率是时间和空间的连续函数，各相的体积率之和等于 1。从各相的守恒方程可以推导出一组方程，这些方程对于所有的相都具有类似的形式。从实验得到的数据可以建立一些特定的关系，从而能使上述方程封闭，另外，对于小颗粒流（granular flows），则可以通过应用分子运动论的理论使方程封闭。

在 Fluent 中，共有三种欧拉-欧拉多相流模型，分别为流体体积模型（VOF）、混合物模型（Mixture）以及欧拉模型（Eulerian）。

目前主流的研究方法均采用欧拉—欧拉多相流模型，本小节的两种方法也采用了欧拉—欧拉多相流模型，对 Fluent 中的三种多相流模型介绍如下：

1）VOF 模型

VOF 模型通过求解单独的动量方程，确定每个控制体积内的各相体积分数。在每个控制体积内，所有相的体积分数的和为 1。在每个控制体内，如果第 q 相的体积分数记为 α_q，那么会有三种情况：a) $\alpha_q = 0$，则第 q 相在单元中不存在；b）$\alpha_q = 1$，则第 q 相充满该单元；c）$0 < \alpha_q < 1$，则在该控制体内，存在相间界面（该界面的确定，Fluent 提供了四种方法，一般采用最精确且适合于非结构网格的几何重构方法）。

在每一个控制体积内的物理属性和各变量由各相的体积分数加权平均确定。具体如下：

a）材料属性

单元的材料特性由各相体积分数加权平均得到，如在两相流中，如果各相用下标 1 和 2 来表示，如果第二相的体积分数为变量，那么每一控制体积单元内的密度公式为：

$$\rho = \alpha_2 \rho_2 + (1 - \alpha_2) \rho_1 \tag{8-24}$$

所有其他属性也都以这种方式计算。

b）体积分数方程（连续方程）

在 VOF 模型中，追踪相与相之间的界面是通过求解体积分数的连续方程来完成的。对第 q 相，这个方程为：

$$\frac{1}{\rho_2} \left[\frac{\partial}{\partial t} (\alpha_2 \rho_2) + \nabla \cdot (\alpha_2 \rho_2 \overline{v_2}) \right] = S_{\alpha_2} + (\dot{m}_{12} - \dot{m}_{21}) \tag{8-25}$$

其中，$\dot{m}_{12}$ 为第 1 相到第 2 相的质量输运，S_{α_2} 源相一般为零。

体积分数一般不为主相求解，主相的体积分数由各相体积分数之和为 1 得到。

c）动量方程

$$\frac{\partial}{\partial t} (\rho \vec{v}) + \nabla \cdot (\rho \vec{v} \vec{v}) = -\nabla p + [\mu (\nabla \vec{v} + \nabla \vec{v}^T)] + \rho g + \vec{F} \tag{8-26}$$

式中密度 ρ、速度 v 为两相按体积分数加权平均。

雪荷载的堆积漂移问题，一般不考虑雪和空气间的热交换问题，也没有气体的压缩性问题，所以不再列出能量方程。

2）Mixture 模型

Mixture 模型是个简化的多相流模型，可以用于很多场合。如在假设短距离空间尺寸上的局部平衡基础上，可以对相间具有不同速度的多相流流动进行建模；可以用于模拟相间耦合十分强烈，或者各相具有相同运动速度的均匀多相流；另外，还可以用于对非牛顿流体的黏性进行建模计算。

与 VOF 模型一样，Mixture 模型使用单流体方法，它与 VOF 的不同之处在于：Mixture 模型允许各相之间相互贯穿，在一个控制体积内不必求解界面位置；混合模型使用了滑移速度的概念，允许各相以不同的速度运动（也可以假定各相以相同速度运动，此时简化为均匀多相流模型）。

混合模型求解混合相的连续方程、动量方程、能量方程（同上不列出）、体积分数方程及相对速度的代数运算。具体如下：

a）混合模型的连续方程

$$\frac{\partial}{\partial t}(\rho_m) + \nabla \cdot (\rho_m \overrightarrow{v_m}) = \dot{m} \tag{8-27}$$

式中 $\overrightarrow{v_m}$ 是质量平均速度，ρ_m 是混合密度，分别由下式求得

$$\overrightarrow{v_m} = \frac{\sum_{k=1}^{n} \alpha_k \rho_k \overrightarrow{v_k}}{\rho_m} \tag{8-28}$$

$$\rho_m = \sum_{k=1}^{n} \alpha_k \rho_k \tag{8-29}$$

其中，α_k 是第 k 相的体积分数。

b）混合模型的动量方程

混合模型的动量方程通过对所有相各自的动量方程求和来获得。它可以表示为：

$$\frac{\partial}{\partial t}(\rho_m \overrightarrow{v_m}) + \nabla \cdot (\rho_m \overrightarrow{v_m} \overrightarrow{v_m}) = -\nabla p + \nabla \cdot [\mu_m (\nabla \overrightarrow{v_m} + \nabla \overrightarrow{v_m^T})] +$$

$$\rho_m \overrightarrow{g} + \overrightarrow{F} + \nabla \cdot (\sum_{k=1}^{n} \alpha_k \rho_k \overrightarrow{v_{dr,k}} \overrightarrow{v_{dr,k}}) \tag{8-30}$$

式中：n ——相数；

$\overrightarrow{F}$ ——体积力；

μ_m ——混合黏性。

$$\mu_m = \sum_{k=1}^{n} \alpha_k \mu_k \tag{8-31}$$

$\overrightarrow{v_{dr,k}}$ 是漂移速度，$\overrightarrow{v_{dr,k}} = \overrightarrow{v_k} - \overrightarrow{v_m}$

c）相对速度和漂移速度

相对速度定义为第二相（p）相对于主相（q）的速度：

$$\overrightarrow{v_{qp}} = \overrightarrow{v_p} - \overrightarrow{v_q} \tag{8-32}$$

漂移速度和相对速度的关系如下：

$$\overrightarrow{v_{dr,k}} = \overrightarrow{v_{qp}} - \sum_{k=1}^{n} \frac{\alpha_k \rho_k}{\rho_m} \overrightarrow{v_{qk}} \tag{8-33}$$

d）第二相的体积分数方程

从第二相 p 的连续方程可以得到第二相的体积分数方程为：

$$\frac{\partial}{\partial t}(\alpha_p \rho_p) + \nabla \cdot (\alpha_p \rho_p \vec{v}_m) = -\nabla \cdot (\alpha_p \rho_p \vec{v}_{dr,p}) \tag{8-34}$$

3）Eulerian 模型

Eulerian 模型可以模拟液体、气体和固体的几乎所有组合的多相流流动。对每一相，该模型均采用欧拉处理。当采用 Eulerian 模型时，对次相的数量要求只受限于内存空间的大小和算法的收敛性。当内存足够大时，可以模拟任意多个次相。但是对于复杂的多相流流动，其求解可能会受到收敛性的限制。

Eulerian 模型的求解基于以下基础：各相共享一个单一的压力场；对每一个相都各自求解一套动量方程和连续性方程；相间的动量交换，根据相的不同而采取各自不同的相间交换系数。各种相间交换系数表达式较复杂，不一一列举。

边界条件

本小节利用 Fluent 二次开发技术 UDF（User-Defined Function）建立大气边界层模型（包括流速、湍流量等）。

空气相进口给出速度边界条件（Velocity-inlet），设平均风平行于地表，在 z 方向服从指数分布：

$$U_z = U_{10} \left(\frac{z}{10}\right)^{\alpha} \tag{8-35}$$

其中 U_{10} 为 10m 高度处风速，α 为地表粗糙度指数。

在出流边界，取自由流边界条件

$$\frac{\partial u}{\partial x} = 0, \frac{\partial v}{\partial x} = 0, \frac{\partial k}{\partial x} = 0, \frac{\partial \varepsilon}{\partial x} = 0 \tag{8-36}$$

选取湍流模型后，入口边界必须给定 k 和 ε 的初始值，这些值由 UDF 确定。

流域顶部：对任意方向的来风，通过流域顶部所有量的流量为零，故可以设为对称边界，等价于自由滑移的壁面。

钝体表面：在钝体表面，如建筑物表面和地面，采用无滑移的固壁边界（wall）

$$u = 0, v = 0, \frac{\partial k}{\partial n} = 0 \tag{8-37}$$

其中 n 为固壁表面的法线方向。

计算方法

用有限体积法离散方程，动量、能量、κ 和 ε 方程中的对流项采用一阶迎风格式离散，扩散项采用中心差分格式离散，压力速度耦合采用 SIMPLE 算法。

在计算中，使用 Fluent _ 3D 分离式隐式求解器，采用 SIMPLE 算法进行迭代求解，其基本思路是：

假定初始压力场；

（1）利用压力场求解动量方程，得到速度场；

（2）利用速度场求解连续方程，得到压力场修正值；

（3）利用压力修正值更新速度场和压力场；

（4）求解湍流方程；

（5）判断当前叠代步上的计算是否收敛。若不收敛，返回第（2）步，迭代计算。若收敛，重复上述步骤，计算下一时间步的物理量。

计算考虑网格质量和计算效率，以各项残差低于 10^{-3} 为收敛条件。

第 9 章　工程实例

9.1　新疆昌吉体育馆雪荷载分布数值模拟

本节以新疆昌吉体育馆为原型采用 VOF 方法进行积雪漂移的数值模拟。其中控制方程、VOF 模型、湍流模型选取见 8.2 节理论论述部分。

9.1.1　几何模型和网格划分

按照计算流体力学要求，整个计算区域取 $600\text{m}\times600\text{m}\times150\text{m}$，建筑物位于计算区域中部，按照 1∶1 的比例建立体育馆的模型，长宽均为 118m，最高处 28.6m，双轴对称，如图 9-1。计算模型的阻塞率小于 3%。

图 9-1　计算模型图

由于计算区域比较大，需要对整个计算区域进行合理分区，然后分别对每个区生成网格。靠近主建筑物群周围网格较密，远离主建筑物群的区域网格比较稀疏。网格的划分利用 GAMBIT 软件来完成。经过网格独立性分析后，确定网格总数为 206 万个。

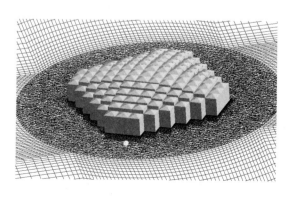

图 9-2　建筑物附近网格的划分

9.1.2 主要边界条件的确定

边界条件也是影响数值模拟精度的重要因素，计算中选用的边界条件和主要参数设置如表 9-1。

边界条件和主要参数设置 表 9-1

入流边界条件	指数率风剖面、湍流度剖面、湍流积分尺度剖面 $U_z = U_{10} \ (z/10)^{\alpha}$ $z > 5$ 时，$I_z = 0.1 \ (z/350)^{-\alpha-0.05}$ $z \leqslant 5$ 时，$I_z = 0.23$ $L_z = 100 \ (z/30)^{0.5}$ 其中，U_z 为 z 高度处的风速，α 为地表粗糙度指数，建筑物所在地区地表粗糙度为 B 类，即取地表粗糙度指数 $\alpha = 0.16$，湍流度 I_z、湍流积分尺度 L_z 按日本规范 Ⅱ 类地貌选取，湍动能、湍动耗散率按相应关系确定 入口空气相体积分数为 1
出流边界条件	完全发展的流动
计算域顶和侧面	对称边界条件
地面	固壁，非平衡壁面函数模拟近壁面流动，引入粗糙长度修正
建筑物表面	固壁，非平衡壁面函数模拟近壁面流动
建筑物屋面	前期为雪相速度入口，雪相体积分数为 1；当积雪达到预定厚度后，改为固壁
速度压力耦合	求解压力耦合方程组的半隐式方法（SIMPLE）算法
离散格式	对流项为二阶迎风格式，扩散项为中心插分格式
收敛准则	残差降低至 10^{-3}，且流动稳定

9.1.3 数值模拟结果分析

1）典型风向角下的结果

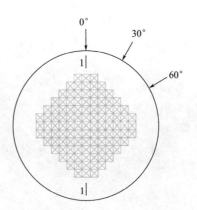

图 9-3 风向角定
义及剖面
示意

体育馆屋面为双轴对称，因此，每隔 30°一个风向的模拟需要 3 个工况即可，图 9-4 给出典型的 0°角的剖面雪相的体积分数分布图。

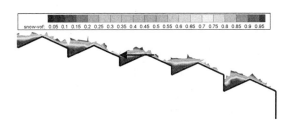

图 9-4 风向角 0°
下局部的
雪相的体
积分数分
布图

图中明显可以看出迎风面前缘部分积雪基本迁移走，在其后背风面的高低角落堆积，造成雪荷载的不均匀分布；顶端的迎风面积雪迁移走相对较少，这是因为来流在前缘分离，后方处于分离流动中，风速下降，从而积雪迁移量也下降。

最右侧的高低屋面相对高差较大，积雪并不能完全填满高低屋面间的空间，而左侧的三个高低屋面相对高差较小，可以堆满。

整体来看，数值模拟结果显示的结果比较合理。

2）模拟结果在工程设计中的使用

对于建筑结构雪荷载的取值，现行《建筑结构荷载规范》规定屋面水平投影面上的雪荷载标准值按下式计算：

$$s_k = \mu_r s_0 \tag{9-1}$$

式中：s_k——雪荷载标准值，kN/m^2；

μ_r——屋面积雪分布系数；

s_0——基本雪压，kN/m^2。

为了与建筑结构荷载规范接轨，对数值模拟的结果进行了处理，按照雪相体积分数的分布计算出屋面水平投影面上的雪压，该雪荷载与基本雪压的比值即为屋面积雪分布系数。

经过整理分析，按照建筑结构荷载规范的形式分，均匀分布与不均匀分布两种形式给出局部（图 9-5 所示 1-1 剖面）的屋面积雪分布系数，如图 9-5 所示，图中虚线部分为换算的积雪高度线。

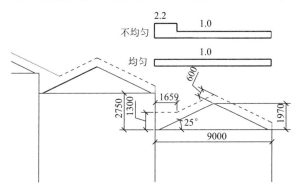

图 9-5 局部屋面
积雪分布
系数的分
布（标注
单位：mm）

　　体育馆高低屋面的模拟结果显示，高低屋面处的屋面积雪分布系数略大于规范值；图9-6为局部的剖面图，可以与规范做对比，而实际屋面为金字塔锥体形状，因此，对3种不同的局部形式，又给出整体屋面积雪分布系数如图9-6。

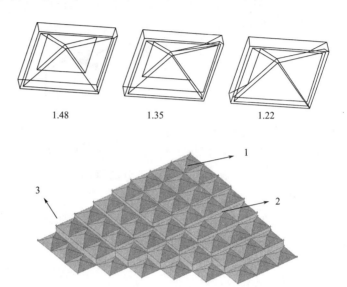

1.48　　　　　　1.35　　　　　　1.22

图9-6　3种屋面积雪分布系数的整体取值

　　以9m×9m为一单元块，当单元被4个单元围绕（相平或高于）时，如图9-6中1所示，屋面积雪分布系数为1.48；当单元被3个单元围绕（相平或高于）时，如图9-6中2所示，屋面积雪分布系数为1.35；当单元被2个单元围绕（相平或高于）时，如图9-6中3所示，屋面积雪分布系数为1.22。

　　3）两个关键因素的讨论

　　首先是积雪密度的选取。影响积雪密度的因素有很多，如地理位置、温度、积雪厚度、积雪堆积时间等。建筑结构荷载规范条文说明中指出："当前，我国大部分气象台（站）收集的都是雪深数据，而相应的积雪密度数据又不齐全"，这说明目前对不同地域的积雪密度并没有明确的界定，在进行分析时需要根据当地实际情况选取积雪密度。规范中给出"东北及新疆北部地区的平均密度取$150kg/m^3$"，但是相关文献提到，2007年辽宁地区暴雪密度达到$180kg/m^3$，比规范值高了20%，差距较大。因此，为了保证安全，在体育馆的雪荷载模拟中，专门对当地积雪密度的资料进行了搜集分析。根据分析结果，最终选取的积雪密度与规范一致，为$150kg/m^3$。

　　其次是模拟积雪迁移时风速的选取。积雪的迁移堆积量与相应高度来流的风速直接相关，风速值大，积雪迁移量大，具体到类似坡屋面结构情况，迎风面积雪迁走多，背风面堆积量大。模拟中，风速值取为当地100年重现期的基本风压换算出的离地10m高10min时距的风速。即假定100年重现期的最大降雪和最大风速同时发生。这种情况是可能发生的，如

2007 年辽宁地区暴风雪，降雪为 1951 年有气象记录来最大值（百年一遇），同时局部地区风力达到 12 级（风速大于 32.6m/s），已超过当地（取沈阳地区）100 年重现期基本风压 0.6kN/m² 折算的风速值 30.98m/s，这种情况对于结构危害非常大。

9.1.4　小结

基于 Fluent6.1 对某体育馆的雪荷载分布进行了数值模拟，采用了 VOF 的多相流模型，通过对雪相体积分数的分析和后处理，将其转换成建筑结构荷载规范中的屋面积雪分布系数，得到以下结论：

1）基于 VOF 方法进行雪荷载的模拟得到了雪相的空间分布情况；将数值模拟得到的结果，按照屋面积雪分布系数的定义做转换，给出简化的形式，便于工程设计的使用。

2）体育馆高低屋面的模拟结果显示，高低屋面处的屋面积雪分布系数略大于规范值。参照建筑结构荷载规范高低屋面处屋面积雪分布系数最大取为 2.0，模拟结果为 2.17，比规范值高 8.3%。

3）雪荷载的数值模拟中雪密度是重要影响因素，不同地区的模拟，宜分析当地雪的气象资料和规范后选取。

4）雪荷载模拟中风速的影响很大，实际情况显示，大部分结构灾害发生于暴风强降雪同时发生时，因此，模拟中将选取与雪压相同重现期的风压换算得到风速是必要的。

9.2　鄂尔多斯温室雪荷载数值模拟

以地处内蒙古的鄂尔多斯温室为原型，研究了采用自定义 UDF 方法进行积雪漂移数值模拟的基本方法。

9.2.1　控制方程和湍流模型的选取

控制方程等见 8.2 节理论论述部分，此部分需要单独提及的是，自定义 UDF 方法中需要自定义雪相控制方程，如下：

$$\frac{\partial(\rho_s f)}{\partial t} + \frac{\partial(\rho_s f u_j)}{\partial x_j} = \frac{\partial}{\partial x_j}\left[\mu_t \frac{\partial \rho_s f}{\partial x_j}\right] + \frac{\partial}{\partial x_j}\left[-\rho_s f u_{R,j}\right] \qquad (9\text{-}2)$$

式中：ρ_s ——雪密度；

　　f ——单位体积内雪相所占的比例；

　　μ_t ——空气相的湍流黏性系数，体现了空气相对雪相的影响；

　　$u_{R,j}$ ——雪相对空气相的运动速度。在求解空气相控制方程基础上计算雪相控制方程，进而获得流域内雪相所占组分的分布。

9.2.2　几何模型和网格划分

按照本工程建筑设计方案的实际尺寸建立几何实体模型。在建立 3D

几何模型过程中考虑了对计算结果有显著影响的建筑构造细节。计算域的尺度满足数值模拟外部绕流场中一般认为模型的阻塞率小于3％的原则。

对计算域的网格离散作了特别设计：整体上将计算域分成内、外两部分，在所关心的模型附近的内域，采用四面体单元生成内域非结构体网格，完成对内域空间的离散；在远离模型的外域空间，采用具有规则拓扑结构的六面体单元进行离散。这种混合网格划分方案的优势在于，在模型附近的流场可以充分利用非结构网格对任意空间几何形状的适应性，高效地完成对复杂建筑模型的离散；同时可灵活地采用非结构网格划分模式中的各种网格控制措施，对所关心的模型附近预期流动梯度大的区域施加网格控制，使得体网格分布更趋合理。而在远离模型的外域空间，则采用规则的六面体网格单元形式。由于网格排列方向与各风向角下的流动方向一致，减小了数值扩散误差；同时也使外域的体网格数目得以有效控制，提高计算效率。同时这种混合网格划分，也可提高数值迭代过程的收敛性。

数值计算模型如图 9-7 所示。数值模型体网格单元总数约为 220 万，如图 9-8 所示。数值计算在 IBM P630 工作站上进行，工作站配置为 CPU：IBM P4 1.0G×4，内存：12G。

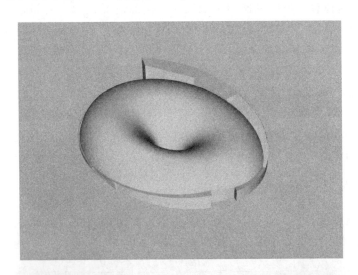

图 9-7　数值计算
　　　　模型

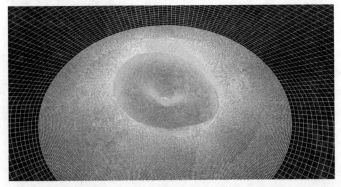

图 9-8　数值风洞
　　　　计算网格
　　　　示意图

9.2.3　主要边界条件的确定

数值模型中的边界条件设定分别如下：

1）进流面：采用速度进流边界条件，给定来流的平均速度与湍流参数；

我国《建筑结构荷载规范》GB　50009—2001 将地貌类别分成 A、B、C、D 四类，本工程地处 B 类地貌环境，对应规范中用指数律描述平均风速剖面其指数 α 为 0.16。在本项目的数值模型中，为保证自保持平衡边界层的生成这一重要前提条件得以满足，保证数值模拟结果的准确，根据本单位最新研究成果，采用新的边界条件模型给定来流平均风速剖面，即：

$$u = u_r \left(\frac{z}{z_r}\right)^{\alpha_i} \tag{9-3}$$

入流面以直接给定湍动能 k 和湍流频率 ω 的方式给定湍流参数：

$$k = \sqrt{D_1 z^{\alpha_i} + D_2} \tag{9-4}$$

$$\omega = \frac{\alpha_i}{\sqrt{C_\mu}} \frac{u}{z} \tag{9-5}$$

其中耗散率 ε 给定为：

$$\varepsilon = \alpha_i C_\mu^{\frac{1}{2}} \frac{u}{z} \sqrt{D_1 z^{\alpha_i} + D_2} \tag{9-6}$$

2）出流面：由于出流接近完全发展，采用完全发展出流边界条件；

3）流域顶部和两侧：采用自由滑移的壁面；

4）结构表面和地面：采用无滑移的壁面条件。

9.2.4　计算工况及主要计算结果

1）计算工况

来流风向角定义如图 9-9 所示。考虑到当地冬季主导风向为西北风向，因此本小节提供了风向角为 N、NW、W 共 3 个风向角下结构表面荷载体型系数的数值模拟计算结果。

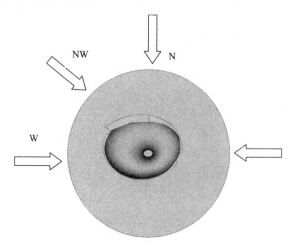

图 9-9　数值模拟中风向角定义

2）成果表达方式

为了方便结构分析使用，这里将结构在不同来流风向角下的风致不均匀雪荷载分布计算结果，换算成《建筑结构荷载规范》GB　50009—2001中定义的雪荷载分布系数 μ_r。

3）主要风向的计算结果

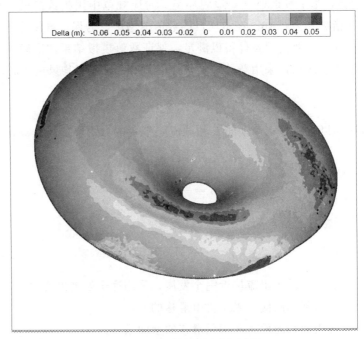

*a.*风致雪侵蚀和堆积区域示意图

图 9-10　北风条件下计算结果等值线图

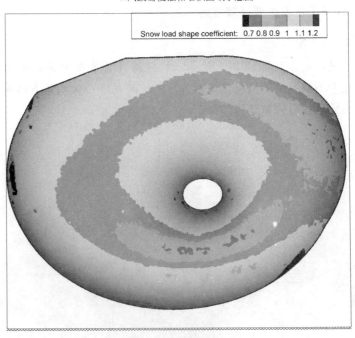

*b.*积雪分布系数

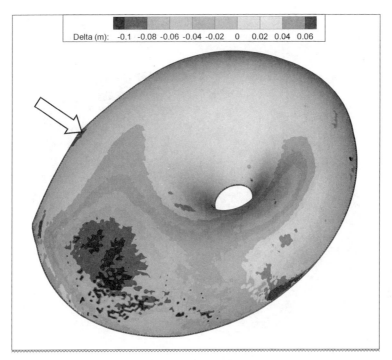

*a.*风致雪侵蚀和堆积区域示意图

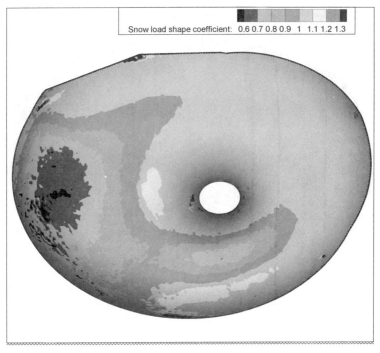

*b.*积雪分布系数

图 9-11　西北风条件下计算结果等值线图

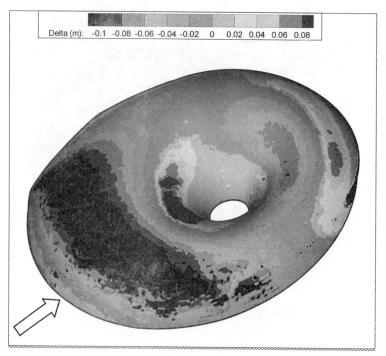

*a.*风致雪侵蚀和堆积区域示意图

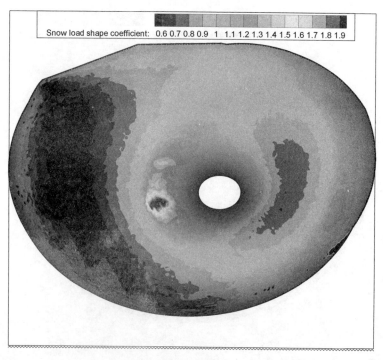

*b.*积雪分布系数

图 9-12 西风条件下计算结果等值线图

4) 分析及结论

基于两相流理论，在 Fluent 平台上，采用研发的 UDF 程序，与空气相湍流流动方程耦合进行求解，获得雪相的组分分布，然后计算由于风致雪漂移导致的不均匀雪荷载分布。

通过对当地冬季盛行风向下的计算可以看到，屋盖的雪荷载堆积主要存在于屋盖边缘落地部分及屋盖中部圆孔部分，在三个主要风向下，最大的屋面积雪分布系数可达 1.9。原因主要为：一是屋盖的几何形状，使得周围部分积雪易于滑落堆积；二是所处位置风速较低，悬浮的雪粒会沉积在此。同时可以看到屋盖顶部的屋面积雪分布系数都小于 1，是因为风速较大，积雪在风的作用下发生侵蚀，雪荷载相对均匀分布有一定的减小。

9.3 两种方法的对比分析

VOF 模型为 Fluent 自带模型，VOF 模型对两个或两个以上不能融合的相进行模拟，其核心为求解每个控制体内各相的体积分数。使用 VOF 方法的优点是，多相流计算部分，仅需设置雪相的物理参数，如雪密度、黏性系数等物理属性，合理的雪相物理属性参数下，将给出相对合理的计算结果，且能直观显示关注区域的积雪堆积形态；VOF 方法也有缺点，Fluent 的 VOF 方法需要进行非定常计算，计算量较大，且在网格划分上要求较高，需要很好的网格质量来保证计算收敛。

基于欧拉—欧拉方法的自定义 UDF 方法，也是求解雪相的体积分数，与 VOF 方法不同的是，需要 UDF 自定义雪相控制方程。自定义 UDF 方法的优点是：自定义雪相控制方程，更加详细地定义空气相对雪相的影响，物理意义上更加明确；缺点是自定义控制方程，需要引入多个经验公式及经验参数，在目前研究情况下，这些公式参数本身的合理可靠性尚不明确，且这些经验公式、参数将对计算结果产生重要影响，这种方法在工程应用中的普适性较差。

参 考 文 献

1. 张世翔，董哲武．某水泥厂原料堆棚车间厂房倒塌事故分析［J］．水泥科技，2005（3）：6-7.

2. 李文生，周新刚，邵永波．某大跨度门式刚架轻钢厂房整体倒塌的调查分析［J］．烟台大学学报（自然科学与工程版），2008（2）：143-148.

3. 弓晓芸．暴风雪中的轻型钢结构房屋［J］．钢结构，2007（9）：89-91.

4. 舒兴平，彭力，袁智深．2008年南方特大冰雪灾害对钢结构工程破坏的典型实例及原因分析．中国辽宁沈阳，2008［C］．

5. 蓝声宁，钟新谷．湘潭轻型钢结构厂房雪灾受损分析与思考［J］．土木工程学报，2009（3）：71-75.

6. 陈收，刘端，薄相平．2008年雪灾对湖南的影响［N］．科学时报，（产业聚焦）．

7. ASCE. ASCE/SEI 7-05 Minimum Design Loads for Buildings and Other Structures［S］. Reston：ASCE Press，2006.

8. NRC-IRC. NBCC 2005 National Building Code of Canada 2005［S］. Ottawa：NRCC，2005.

9. NRC-IRC. User's Guide - NBC 2005 Structural Commentaries（Part 4 of Division B）［S］. Ottawa：NRCC，2005.

10. BSI. BS EN 1991-1-3：2003 Eurocode 1 - Actions on structures - Part 1-3：General actions - Snow loads［S］. London：BSI，2003.

11. R J Kind. A critical examination of the requirements for model simulation of wind-induced erosion/deposition phenomena such as snow drifting, Atmos. Environ，10（1976）219-227.

12. R J Kind. S B Murray. Saltation flow measurements relating to modeling of snowdrifting, Journal of wind engineering and industrial aerodynamics，10（1982）89-102.

13. Y Anno. Requirements for modeling of a snowdrift，Cold regions science and technology，8（1984）241-252.

14. Y Anno. Development of a snowdrift wind tunnel，Cold regions science and technology，10（1985）153-161

15. S L Gamble，W W Kochanaski，P A Irwi. Finite area element snow loading prediction - applications and advancements，Journal of wind engineering and industrial aerodynamics，41-44（1992）1537-1548

16. F D Mathasantanna and D A Taylor. Snow drifts on flat roofs：wind tunnel tests and field measurements，Journal of wind engineering and industrial aerodynamics，34（1990）223-250

17. N Isyumov and M Mikitituk. Wind tunnel model tests of snow drifting on a two-level flat roof，Journal of wind engineering and industrial aerodynamics，36（1990）

893-904

18. T Kikuchi，Y Fukushima，K Nishimura. Snow entrainment coefficient estimated by field observations and wind tunnel experiments，Journal of cold regions engineering，19（2005）117-129

19. M Tsuchiya，T Tomabechi，T Hongo et al. Wind effects on snowdrift on stepped flat roofs，Journal of wind engineering and industrial aerodynamics 90（2002）1881-1892.

20. T Sato，T Uematsu，T. Nakata，et al，Three dimensional numerical simulation of snowdrift，Journal of wind engineering and industrial aerodynamics，46-47（1993）741-746

21. P A Sundsbo，Numerical modeling of wind deflection fins to control snow accumulation in building steps，Journal of wind engineering and industrial aerodynamics，74-76（1998）543-552

22. J H M Beyers，P A Sundsbo，T M. Harms，Numerical simulation of three-dimensional，transient snow drifting around a cube，Journal of wind engineering and industrial aerodynamics，92（2004）725-747

23. 周晅毅，顾明，李雪峰. 大跨度屋盖表面风致雪压分布规律研究. 建筑结构学报，2008（29）7-12.

24. Y Tominaga，A Mochida，T Okaze，et al. Development of a system of predicting snow distribution in built-up environments：Combining a mesoscale meteorological model and a CFD model. Journal of Wind Engineering and Industrial Aerodynamics. 99（2011）460-468

25. Yi Yang，Ming Gu，Suqin Chen and Xinyang Jin. New inflow boundary conditions for modeling the neutral equilibrium atmospheric boundary layers in Computational Wind Engneering，Journal of Wind Engineering and Industrial Aerodynamics，97（2），88-95，2009.

26. Wilcox，D. C.（2000）Turbulence Modelling for CFD，DCW Industries，p. 84.

27. 建筑结构荷载规范 GB　50009-2012. 中国建筑工业出版社.